中国古典家具
技艺全书·解析经典

金荣题

"十三五"国家重点图书　　总顾问：李　坚　刘泽祥　刘文金

2020年度国家出版基金资助项目　　总主编：周京南　朱志悦　杨　飞

国家出版基金项目
NATIONAL PUBLICATION FOUNDATION

中国古典家具技艺全书

（第二批）

解析经典⑥

承具Ⅱ（炕桌、条桌、宽长桌）

第十六卷

（总三十卷）

主　编：周京南　卢海华　董　君

中国林业出版社

图书在版编目（CIP）数据

解析经典 . ⑥ / 周京南等总主编 . -- 北京 ： 中国林业出版社 ，2021.1
（中国古典家具技艺全书 . 第二批）

ISBN 978-7-5219-1020-9

Ⅰ . ①解… Ⅱ . ①周… Ⅲ . ①家具－介绍－中国－古代 Ⅳ . ① TS666.202

中国版本图书馆 CIP 数据核字 (2021) 第 023786 号

出 版 人：刘东黎
总 策 划：纪　亮
责任编辑：王思源

出　　版：中国林业出版社（100009 北京市西城区刘海胡同 7 号）
印　　刷：北京利丰雅高长城印刷有限公司
发　　行：中国林业出版社
电　　话：010 8314 3610
版　　次：2021 年 1 月第 1 版
印　　次：2021 年 1 月第 1 次
开　　本：889mm×1194mm，1/16
印　　张：18
字　　数：300 千字
图　　片：约 800 幅
定　　价：360.00 元

《中国古典家具技艺全书》（第二批）
总编撰委员会

总 顾 问：李 坚 刘泽祥 刘文金
总 主 编：周京南 朱志悦 杨 飞
书名题字：杨金荣

《中国古典家具技艺全书——解析经典⑥》

主 编：周京南 卢海华 董 君
编 委 成 员：方崇荣 蒋劲东 马海军 纪 智 徐荣桃
参与绘图人员：李 鹏 孙胜玉 温 泉 刘伯恺 李宇瀚
李 静 李总华

凡 例

一、本书中的木工匠作术语和家具构件名称主要依照
　　王世襄先生所著《明式家具研究》的附录一《名
　　词术语简释》，结合目前行业内通用的说法，力
　　求让读者能够认同。

二、本书分有多种图题，说明如下：
　　1.整体外观为家具的推荐材质外观效果图。
　　2.三视结构为家具的三个视角的剖视图。
　　3.用材效果为家具的三种主要珍贵用材的展示效果图。
　　4.结构爆炸为家具的零部件爆炸图。
　　5.结构示意为家具的结构解析和标注图，按照构件的
　　　部位或类型分类。
　　6.细部效果和细部结构为对应的家具构件效果图和三
　　　视图，其中细部结构中部分构件的俯视图或左视
　　　图因较为简单，故省略。

三、本书中效果图和CAD图分别编号，以方便读者查找。

四、本书中每件家具的穿销、栽榫、楔钉等另加的榫卯只
　　绘出效果图，并未绘出CAD图，读者在实际使用中，
　　可以根据家具用材和尺寸自行决定此类榫卯的数量
　　和大小。

序 言

李 坚 中国工程院院士

讲到中国的古家具，可谓博大精深，灿若繁星。

从神秘庄严的商周青铜家具，到浪漫拙朴的秦汉大漆家具；从壮硕华美的大唐壸门结构，到精炼简雅的宋代框架结构；从秀丽俊逸的明式风格，到奢华繁复的清式风格，这一漫长而恢宏的演变过程，每一次改良，每一场突破，无不渗透着中国人的文化思想和审美观念，无不凝聚着中国人的汗水与智慧。

家具本是静物，却在中国人的手中活了起来。

木材，是中国古家具的主要材料。通过中国匠人的手，塑出家具的骨骼和形韵，更是其商品价值的重要载体。红木的珍稀世人多少知晓，紫檀、黄花梨、大红酸枝的尊贵和正统更是为人称道，若是再辅以金、骨、玉、瓷、珐琅、螺钿、宝石等珍贵的材料，其华美与金贵无须言表。

纹饰，是中国古家具的主要装饰。纹必有意，意必吉祥，这是中国传统工艺美术的一大特色。纹饰之于家具，不但起到点缀空间、构图美观的作用，还具有强化主题、烘托喜庆的功能。龙凤麒麟、喜鹊仙鹤、八仙八宝、梅兰竹菊，都寓意着美好和幸福，也是刻在中国人骨子里的信念和情结。

造型，是中国古家具的外化表现和功能诉求。流传下来的古家具实物在博物馆里，在藏家手中，在拍卖行里，向世人静静地展现着属于它那个时代的丰姿。即使是从未接触过古家具的人，大概也分得出桌椅几案，柜架床榻，这得益于中国家具的流传有序和中国人制器为用的传统。关于造型的研究更是理论深厚，体系众多，不一而足。

唯有技艺，是成就中国古家具的关键所在，当前并没有被系统地挖掘和梳理，尚处于失传和误传的边缘，显得格外落寞。技艺是连接匠人和器物的桥梁，刀削斧凿，木活生花，是熟练的手法，是自信的底气，也是"手随心驰，心从手思，心手相应"的炉火纯青之境界。但囿于中国传统各行各业间"以师带徒，口传心授"传承方式的局限，家具匠人们的技艺并没有被完整的记录下来，没有翔实的资料，也无标准可依托，这使得中国古典家具技艺在当今社会环境中很难被传播和继承。

此时，由中国林业出版社策划、编辑和出版的《中国古典家具技艺全书》可以说是应运而生，责无旁贷。全套书共三十卷，分三批出版，运用了当前最先进的技术手段，最生动的展现方式，对宋、明、清和现代中式的家具进行了一次系统的、全面的、大体量的收集和整理，通过对家具结构的拆解，家具部件的展示，家具工艺的挖掘，家具制作的考证，为世人揭开了古典家具技艺之美的面纱。图文资料的汇编、尺寸数据的测量、CAD和效果图的绘制以及对相关古籍的研究，以五年的时间铸就此套著作，匠人匠心，在家具和出版两个领域，都光芒四射。全书无疑是一次对古代家具文化的抢救性出版，是对古典家具行业"以师带徒，口传心授"的有益补充和锐意创新，为古典家具技艺的传承、弘扬和发展注入强劲鲜活的动力。

　　党的十八大以来，国家越发重视技艺，重视匠人，并鼓励"推动中华优秀传统文化创造性转化、创新性发展"，大力弘扬"精益求精的工匠精神"。《中国古典家具技艺全书》正是习近平总书记所强调的"坚定文化自信、把握时代脉搏、聆听时代声音，坚持与时代同步伐、以人民为中心、以精品奉献人民、用明德引领风尚"的具体体现和生动诠释。希望《中国古典家具技艺全书》能在全体作者、编辑和其他工作人员的严格把关下，成为家具文化的精品，成为世代流传的经典，不负重托，不辱使命。

2020 年 5 月

前 言

纪 亮 全书总策划

　　中国的古典家具，有着悠久的历史。传说上古之时，神农氏发明了床，有虞氏时出现了俎。商周时代，出现了曲几、屏风、衣架。汉魏以前，家具一般都形体较矮，属于低型家具。自南北朝开始，出现了垂足坐，于是凳、靠背椅等高足家具随之出现。隋唐五代时期，垂足坐的休憩方式逐渐普及，高低型家具并存。宋代以后，高型家具及垂足坐才完全代替了席地坐的生活方式。高型家具经过宋、元两朝的普及发展，到明代中期，已取得了很高的艺术成就，中国古典家具艺术进入成熟阶段，形成了被誉为具有高度艺术成就的"明式家具"。清代家具，承明余续，在造型特征上，骨架粗壮结实，方直造型多于明式曲线造型，题材生动且富于变化，装饰性强，整体大方而局部装饰精细入微。近 20 年来，古典家具发展迅猛，家具风格在明清家具的基础上不断传承和发展，并形成了独具中国特色的现代中式家具，亦有学者称之为"中式风格家具"。

　　中国的古典家具，经过唐宋的积淀，明清的飞跃，现代的传承，已成为"东方艺术的一颗明珠"。中国古典家具是我国传统造物文化的重要组成和载体，也深深影响着世界近现代的家具设计。国内外研究并出版以古典家具的历史文化、图录资料等内容的著作较多，然而从古典家具技艺的角度出发，挖掘整理的著作少之又少。技艺——是古典家具的精髓，是保护发展我国古典家具的核心所在。为了更好地传承和弘扬我国古典家具文化，全面系统地介绍我国古典家具的制作技艺，提高国家文化软实力，提升民族自信，实现古典家具创造性转化、创新性发展，中国林业出版社聚集行业之力组建《中国古典家具技艺全书》编写工作组。全书以制作技艺为线索，详细介绍了古典家具的结构、造型、制作、解析、鉴赏等内容，全书共 30 卷，分为榫卯构造、匠心营造、大成若缺、解析经典、美在久成这 5 个系列陆续出版，并通过数字化手段搭建中国古典家具技艺网和家具技艺 APP 等。全书力求通过准确的测量、绘制，挖掘、梳理家具技艺，向读者展示中国古典家具的线条美、结构美、造型美、雕刻美、装饰美、材质美。

《解析经典》为本套丛书的第四个系列，共分十卷。本系列以宋明两代绘画中的家具图像和故宫博物院典藏的古典家具实物为研究对象，因无法进行实物测绘，只能借助现代化的技术手段进行场景还原、三维建模、结构模拟等方式进行绘制，并结合专家审读和工匠实践来勘误矫正，最终形成了200余套来自宋、明、清的经典器形的珍贵图录，并按照坐具、承具、卧具、庋具、杂具等类别进行分类，分器形点评、CAD图示、用材效果、结构爆炸、部件示意、细部详解六个层次详细地解析了每件家具。这些丰富而翔实的资料将为我们研究和制作古典家具提供重要的学习和参考资料。本系列丛书中所选器形均为明清家具之经典器物，其中器物的原型几乎均为国之重器，弥足珍贵，故以"解析经典"命名。因家具数量较多、结构复杂，书中难免存在疏漏与错误，望广大读者批评指正，我们也将在再版时陆续修正。

　　最后，感谢国家新闻出版署将本项目列为"十三五"国家重点图书出版规划，感谢国家出版基金规划管理办公室对本项目的支持，感谢为全书的编撰而付出努力的每位匠人、专家、学者和绘图人员。

纪亮

2020 年 12 月

目　录

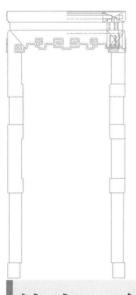

承具 II
炕桌、条桌、宽长桌

攒拐子纹四面平炕桌

材质：黄花梨

年款：清

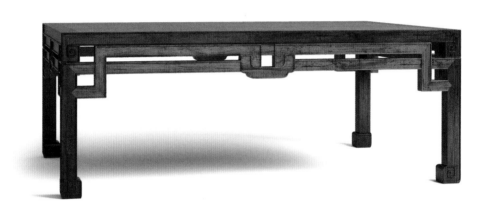

整体外观（效果图 1）

1. 器形点评

    此炕桌桌面长方平直，攒框镶板。桌面之下装透空攒拐子纹牙子。四腿
为方材，直落到地，足端雕内翻回纹马蹄足。此炕桌造型简洁，小巧灵秀。

2. CAD 图示

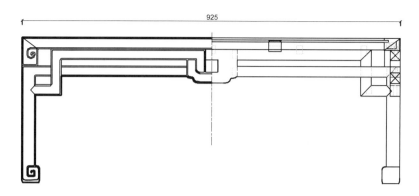

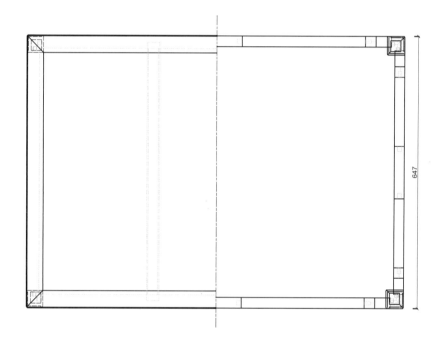

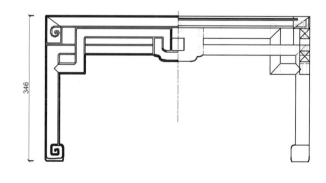

三视结构（CAD 图 1）

说明：在家具的测量和绘制过程中存在少量国家标准允许的误差；全书计量单位为毫米（mm）。

3. 用材效果

用材效果（材质：紫檀；效果图 2）

用材效果（材质：黄花梨；效果图 3）

用材效果（材质：红酸枝；效果图 4）

4. 结构爆炸

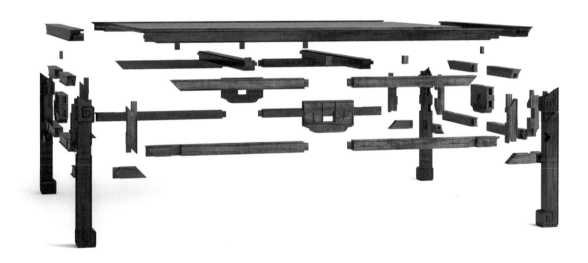

结构爆炸（效果图5）

5. 部件示意

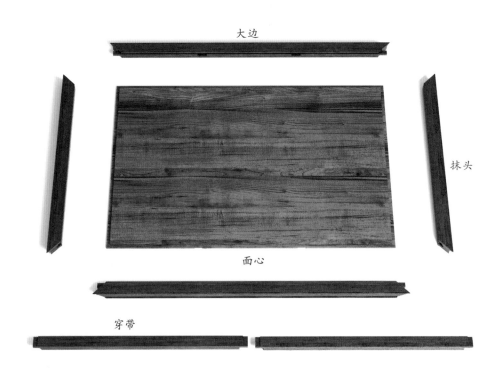

大边

抹头

面心

穿带

部件示意—桌面（效果图 6）

部件示意—腿子（效果图 7）

6

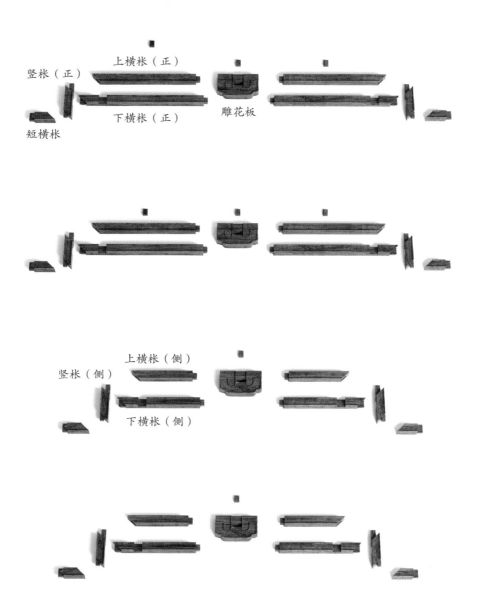

竖枨（正）

上横枨（正）

雕花板

下横枨（正）

短横枨

竖枨（侧）

上横枨（侧）

下横枨（侧）

部件示意—牙条结构（效果图8）

6. 细部详解

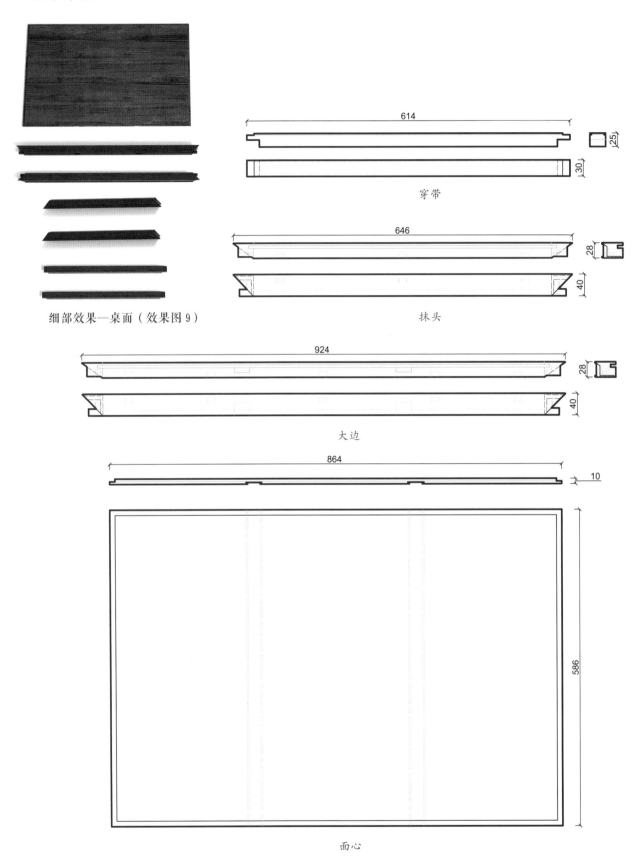

细部效果—桌面（效果图 9）

穿带

646

28

40

抹头

924

28

40

大边

864

10

586

面心

细部结构—桌面（CAD 图 2 ~ 图 5）

细部效果—牙条结构（效果图 10）

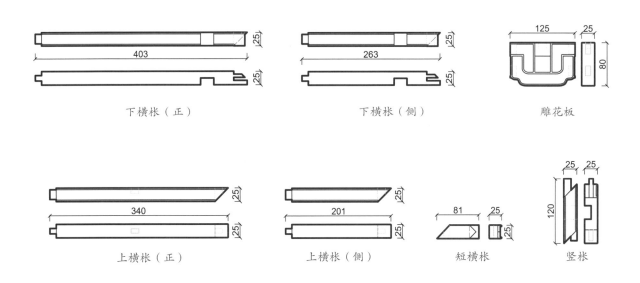

下横枨（正）

下横枨（侧）

雕花板

上横枨（正）

上横枨（侧）

短横枨

竖枨

细部结构—牙条结构（CAD 图 6 ~ 图 12）

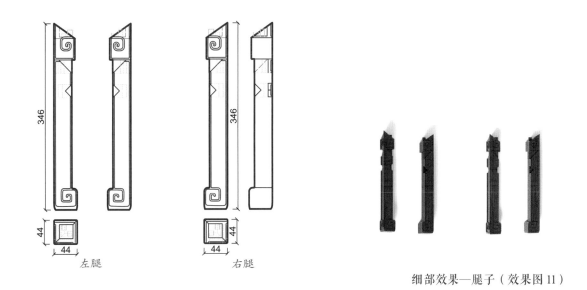

左腿

右腿

细部效果—腿子（效果图 11）

细部结构—腿子（CAD 图 13 ~ 图 14）

鼓腿彭牙带托泥炕桌

材质：黄花梨

年款：明

整体外观（效果图1）

1. 器形点评

　　此炕桌桌面长方平直，冰盘沿线脚，下有束腰，鱼肚牙子。鼓腿彭牙，足端内翻云足，足下踩托泥。此炕桌造型简洁，桌腿与一般鼓腿彭牙相比，上丰下敛，线脚富有变化，意趣盎然。

2. CAD 图示

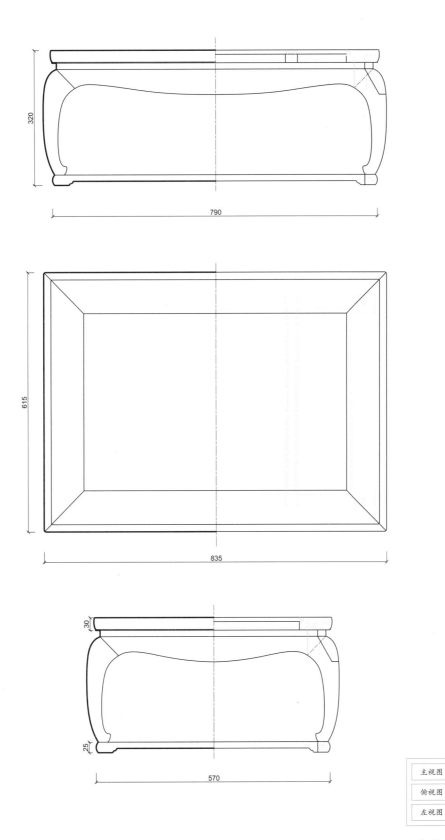

320

790

615

835

30

25

570

主视图
俯视图
左视图

三视结构（CAD 图 1）

3. 用材效果

用材效果（材质：紫檀；效果图 2）

用材效果（材质：黄花梨；效果图 3）

用材效果（材质：红酸枝；效果图 4）

4. 结构爆炸

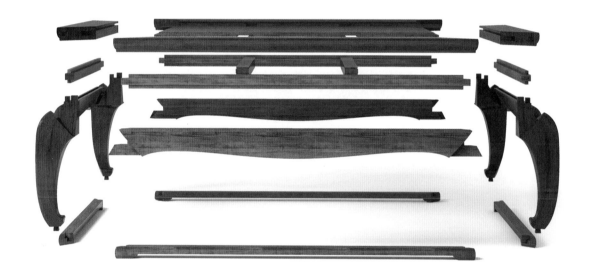

结构爆炸（效果图 5）

5. 部件示意

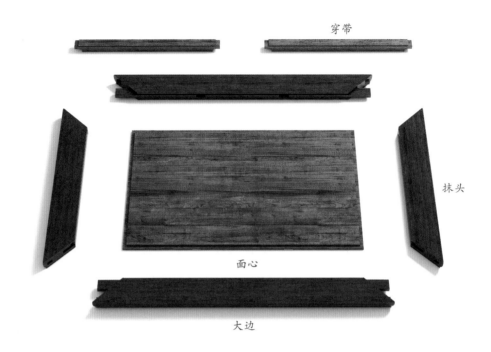

穿带

抹头

面心

大边

部件示意—桌面（效果图 6）

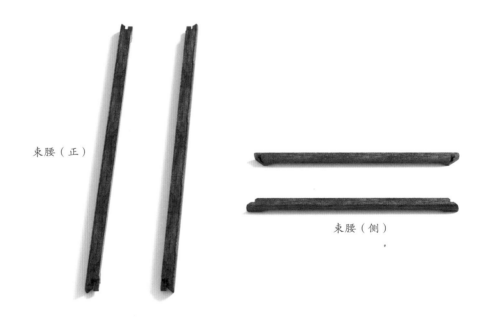

束腰（正）

束腰（侧）

部件示意—束腰（效果图 7）

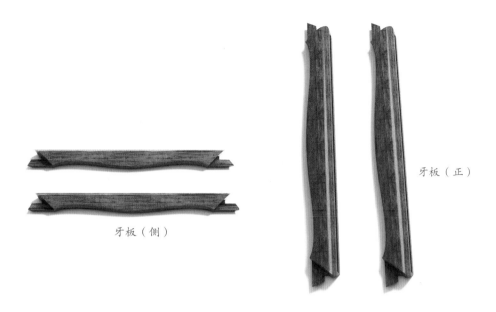

牙板（正）

牙板（侧）

部件示意—牙板（效果图 8）

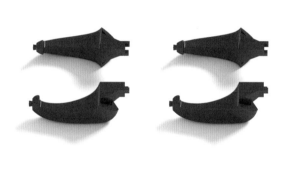

部件示意—腿子（效果图 9）

大边

抹头

部件示意—托泥（效果图 10）

6. 细部详解

细部效果—桌面（效果图 11）

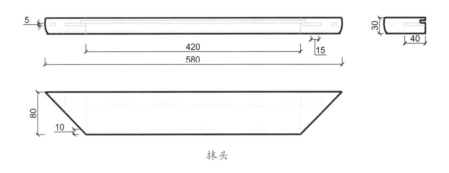

抹头

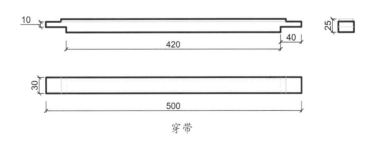

穿带

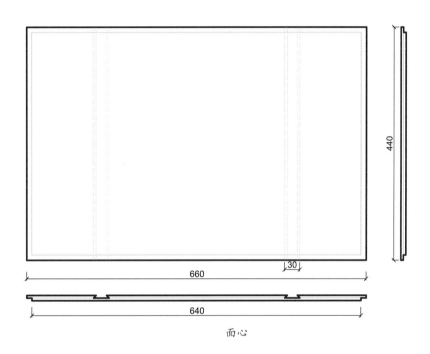

面心

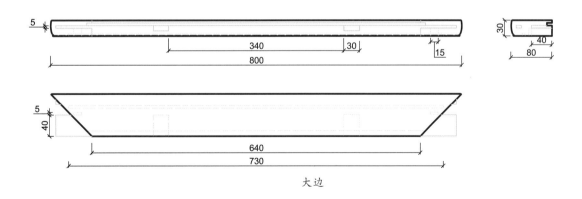

大边

细部结构—桌面（CAD 图 2 ~ 图 5 ）

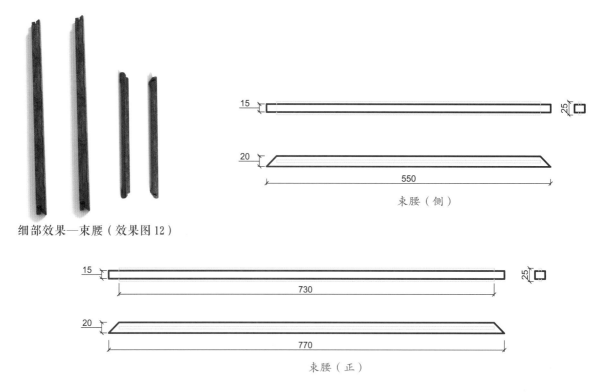

细部效果—束腰（效果图 12）

束腰（侧）

15
25
550
20

束腰（正）

15
25
730
20
770

细部结构—束腰（CAD 图 6 ~ 图 7）

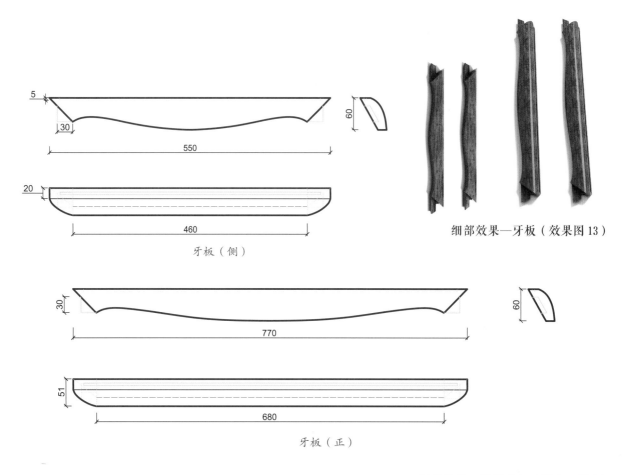

细部效果—牙板（效果图 13）

牙板（侧）

5
30
60
550
20
460

牙板（正）

30
60
770
51
680

细部结构—牙板（CAD 图 8 ~ 图 9）

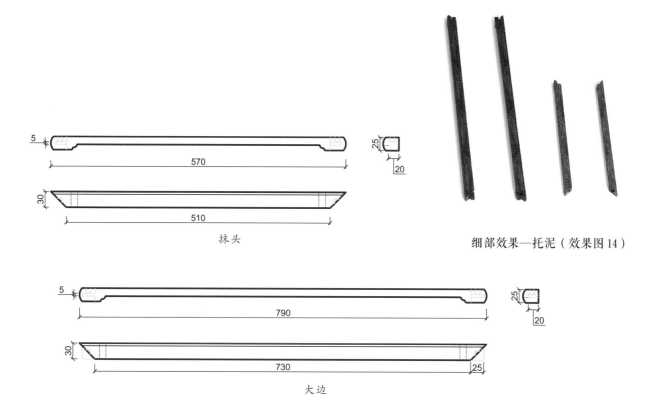

抹头

细部效果—托泥（效果图 14）

大边

细部结构—托泥（CAD 图 10 ～ 图 11）

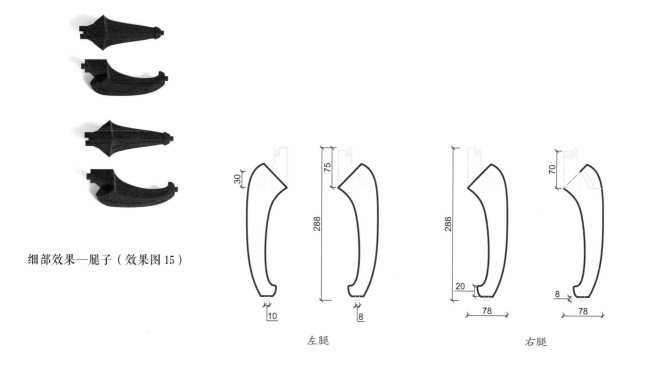

细部效果—腿子（效果图 15）

左腿

右腿

细部结构—腿子（CAD 图 12 ～ 图 13）

罗锅枨炕桌

材质：黄花梨

丰款：明

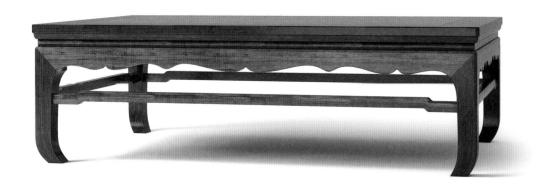

整体外观（效果图1）

1.器形点评

此炕桌桌面光素平直，攒框镶板。桌面下有极窄的束腰，壶门牙子。四腿与牙子以格肩榫相接，四腿直下，至足端内收形成弯足，直落到地。此炕桌整体线条简练，比例匀称，美观端庄。

2. CAD 图示

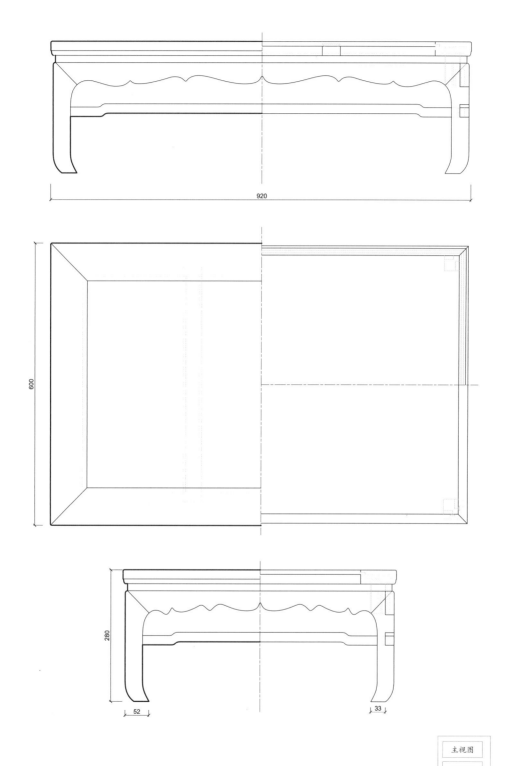

主视图
俯视图
左视图

3. 用材效果

用材效果（材质：紫檀；效果图 2）

用材效果（材质：黄花梨；效果图 3）

用材效果（材质：红酸枝；效果图 4）

4. 结构爆炸

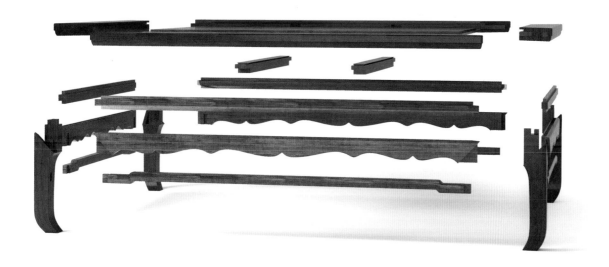

结构爆炸（效果图 5）

5. 部件示意

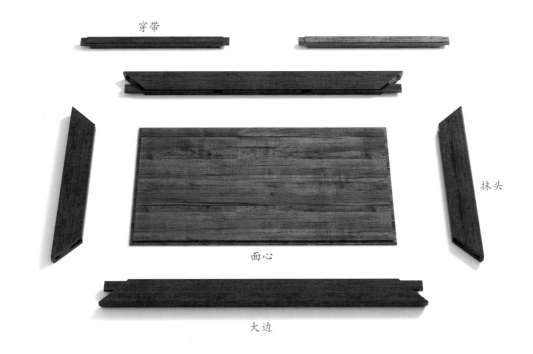

穿带

抹头

面心

大边

部件示意—桌面（效果图 6）

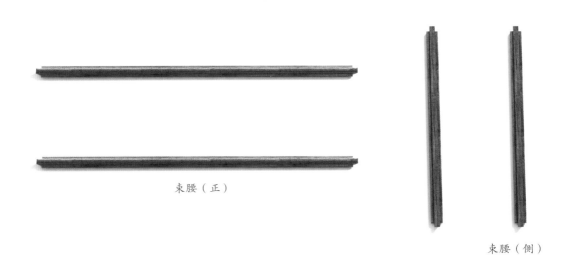

束腰（正）

束腰（侧）

部件示意—束腰（效果图 7）

24

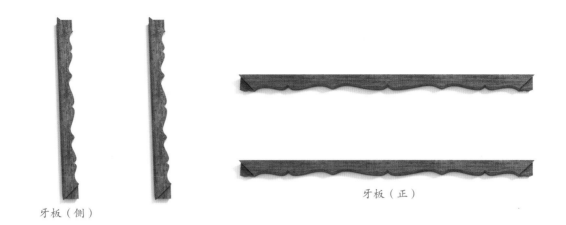

牙板（侧）　　　　　　　　　　　　　　　牙板（正）

部件示意—牙板（效果图 8）

罗锅枨（正）　　　　　　　　　　罗锅枨（侧）

部件示意—罗锅枨（效果图 9）

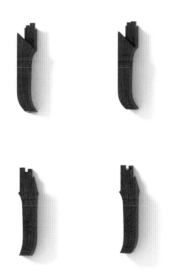

部件示意—腿子（效果图 10）

6. 细部详解

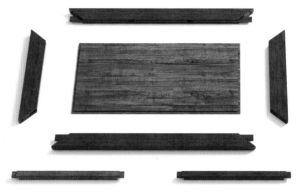

细部效果—桌面（效果图 11）

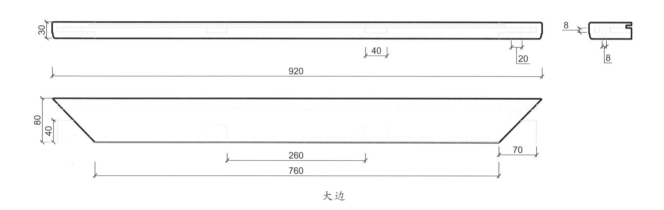

大边

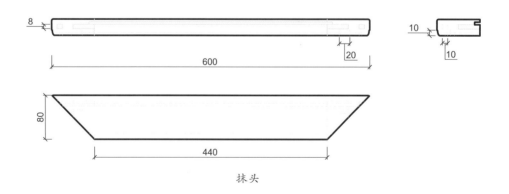

抹头

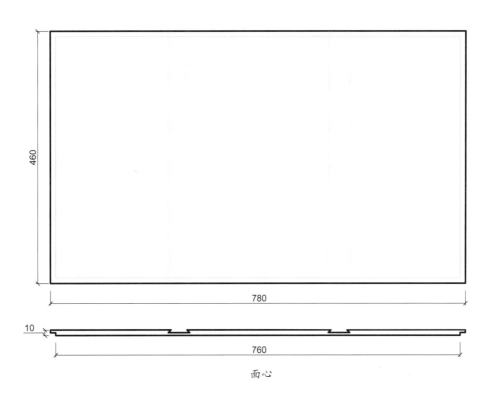

面心

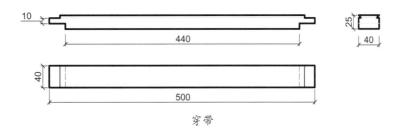

穿带

细部结构—桌面（CAD 图 2 ~ 图 5）

细部效果—束腰（效果图 12）

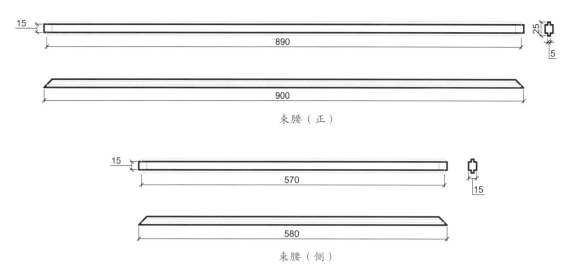

15

890

25

5

束腰（正）

15

570

15

580

束腰（侧）

细部结构—束腰（CAD 图 6 ~ 图 7）

细部效果—牙板（效果图 13）

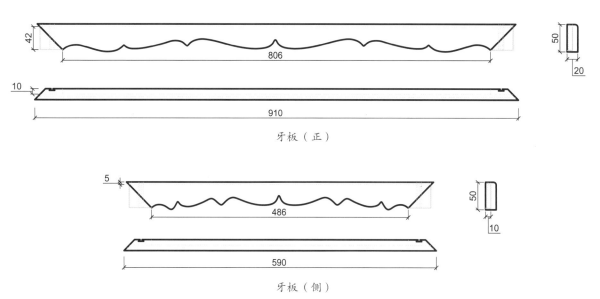

42

806

50

20

10

910

牙板（正）

5

486

50

10

590

牙板（侧）

细部结构—牙板（CAD 图 8 ~ 图 9）

细部效果—罗锅枨（效果图 14）

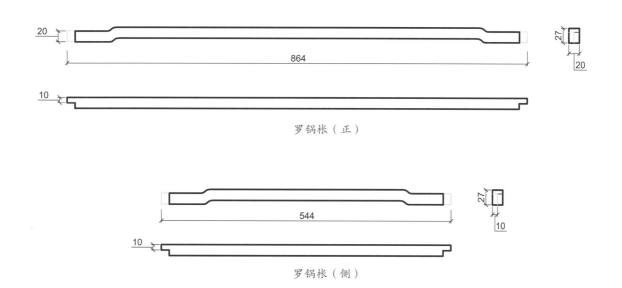

罗锅枨（正）

罗锅枨（侧）

细部结构—罗锅枨（CAD 图 10 ~ 图 11）

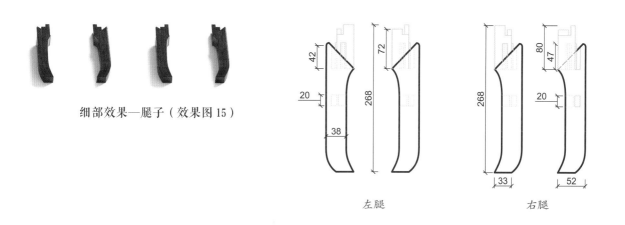

细部效果—腿子（效果图 15）

左腿　　　　　右腿

细部结构—腿子（CAD 图 12 ~ 图 13）

卷云纹炕桌

材质：黄花梨

年款：清

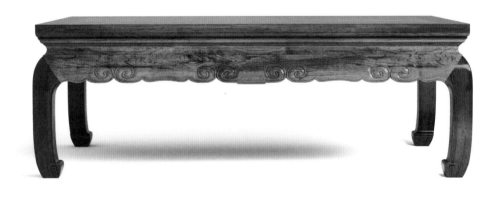

整体外观（效果图 1）

1. 器形点评

    此炕桌桌面长方平直，冰盘沿线脚，桌面边沿立面及束腰均打洼，牙板浮雕卷云纹。四腿为鼓腿，与牙板格角榫相接，内翻回纹马蹄足。此炕桌整体做工简洁明快，线条柔婉美观，是一件做工精湛的承具。

2. CAD 图示

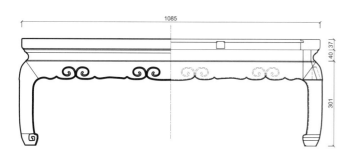

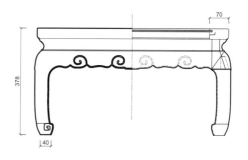

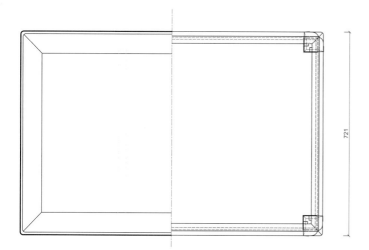

三视结构（CAD 图 1）

3. 用材效果

用材效果（材质：紫檀；效果图 2）

用材效果（材质：黄花梨；效果图 3）

用材效果（材质：红酸枝；效果图 4）

4. 结构爆炸

结构爆炸（效果图 5）

5. 部件示意

大边

抹头

穿带

面心

部件示意—桌面（效果图 6）

束腰（侧）

束腰（正）

部件示意—束腰（效果图 7）

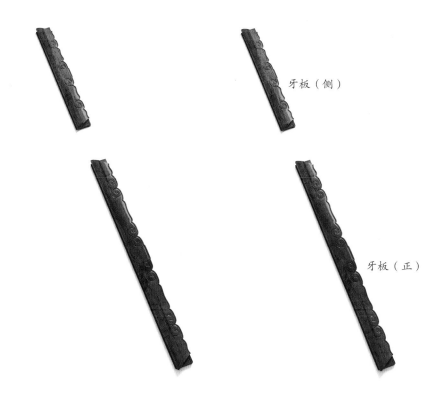

牙板（侧）

牙板（正）

部件示意—牙板（效果图 8）

部件示意—腿子（效果图 9）

35

6. 细部详解

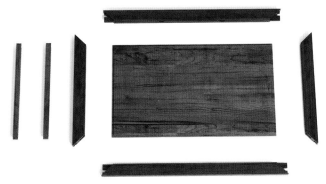

细部效果—桌面（效果图 10）

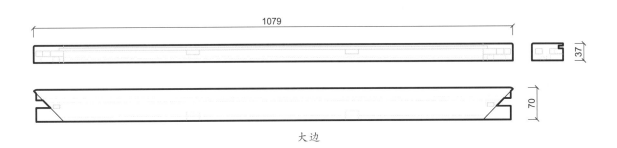

大边

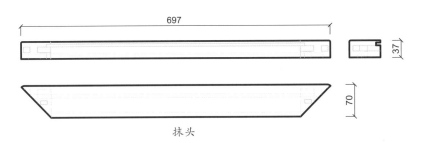

抹头

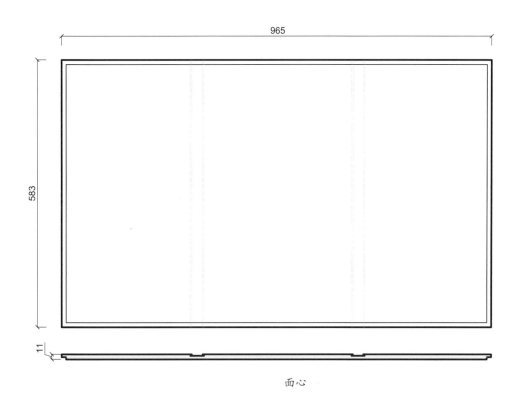

面心

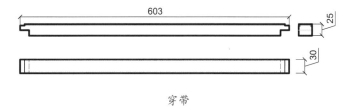

穿带

细部效果—束腰（效果图 11）

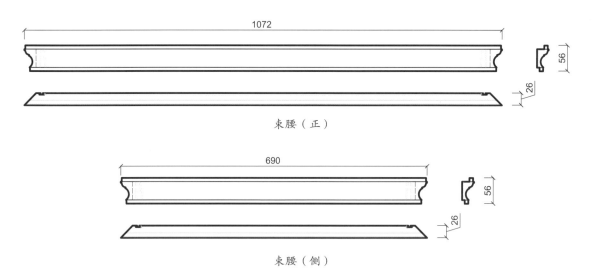

1072

束腰（正）

56

26

690

束腰（侧）

56

26

细部结构—束腰（CAD 图 6 ~ 图 7）

细部效果—牙板（效果图 12）

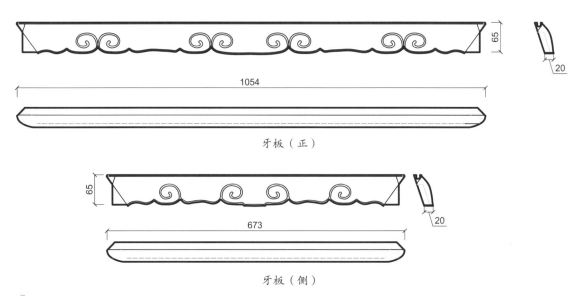

65

20

1054

牙板（正）

65

20

673

牙板（侧）

细部结构—牙板（CAD 图 8 ~ 图 9）

细部效果—腿子（效果图 13）

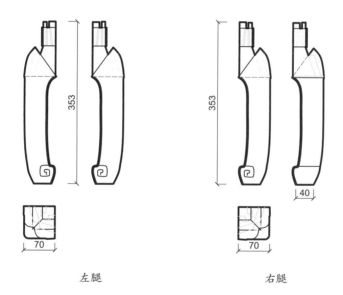

左腿　　　　　　　　　　　右腿

细部结构—腿子（CAD 图 10 ~ 图 11）

39

罗锅枨条桌

材质：黄花梨

年款：明

整体外观（效果图1）

1. 器形点评

此桌通体光素无饰，桌面为长方形，面下有束腰。四腿为方材，直落到地。四腿上部安罗锅枨。此桌通体简洁，端庄大方。

2. CAD 图示

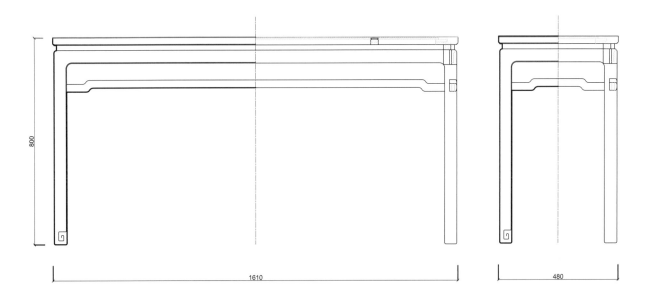

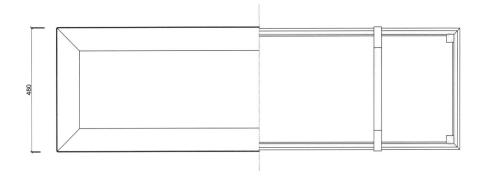

三视结构（CAD 图 1）

3. 用材效果

用材效果（材质：紫檀；效果图 2）

用材效果（材质：黄花梨；效果图 3）

用材效果（材质：红酸枝；效果图 4）

4. 结构爆炸

结构爆炸（效果图 5）

5. 部件示意

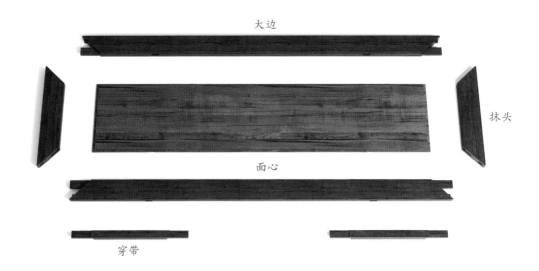

大边

抹头

面心

穿带

部件示意—桌面（效果图6）

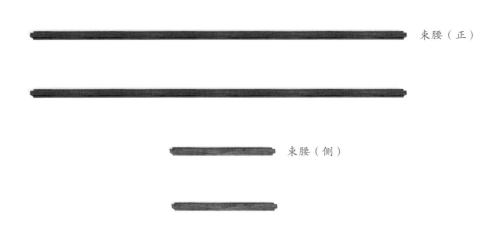

束腰（正）

束腰（侧）

部件示意—束腰（效果图7）

44

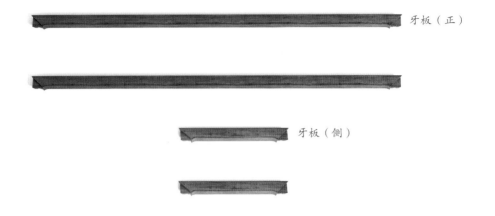

牙板（正）

牙板（侧）

部件示意—牙板（效果图 8）

罗锅枨（正）

罗锅枨（侧）

部件示意—罗锅枨（效果图 9）

部件示意—腿子（效果图 10）

6. 细部详解

细部效果—桌面（效果图 11）

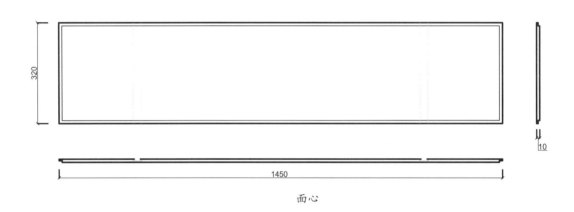

面心

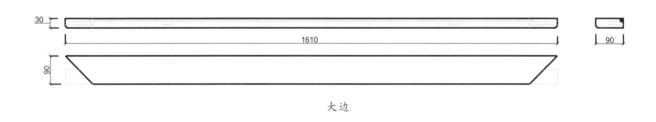

大边

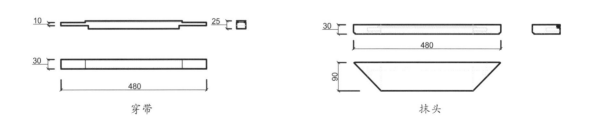

穿带　　　　　　　　　　　　　抹头

细部结构—桌面（CAD 图 2 ~ 图 5）

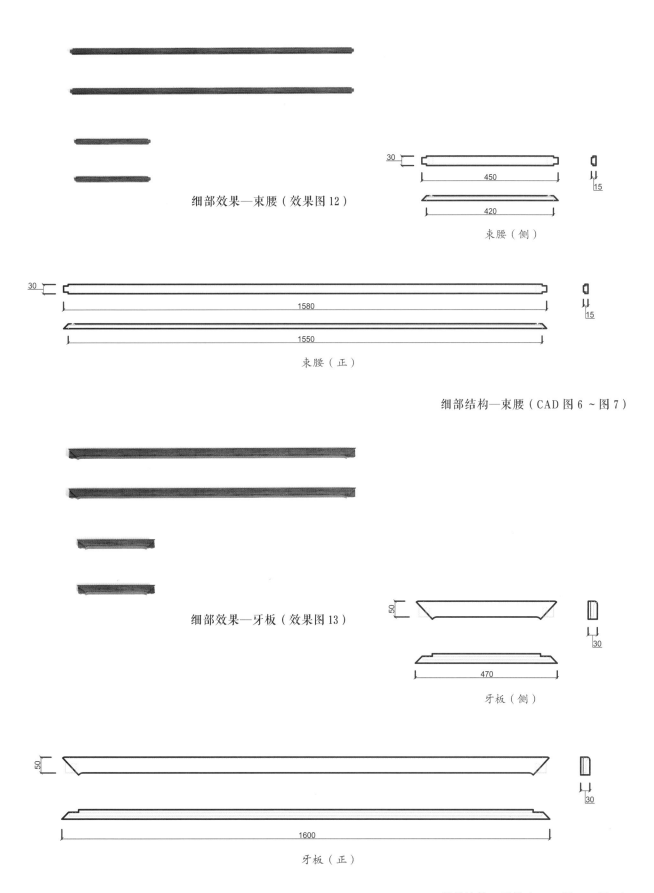

细部效果—束腰（效果图 12）

30

450

420

15

束腰（侧）

30

1580

1550

15

束腰（正）

细部结构—束腰（CAD 图 6 ~ 图 7）

细部效果—牙板（效果图 13）

50

470

30

牙板（侧）

50

1600

30

牙板（正）

细部结构—牙板（CAD 图 8 ~ 图 9）

细部效果—罗锅枨（效果图 14）

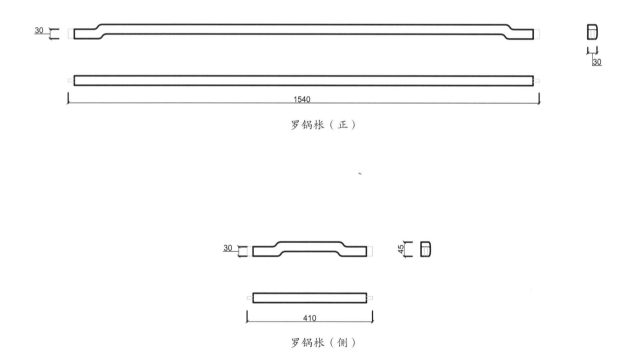

罗锅枨（正）

罗锅枨（侧）

细部效果—腿子（效果图 15 ）

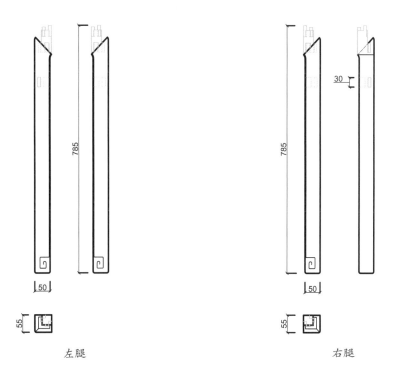

左腿

右腿

细部结构—腿子（CAD 图 12 ~ 图 13 ）

灵芝纹罗锅枨条桌

材质：黄花梨

年款：明

整体外观（效果图1）

1. 器形点评

此桌桌面长方平直，下有极窄的束腰。四腿为方材，直落到地，至足端雕内翻马蹄足。四腿上端安罗锅枨，罗锅枨上装灵芝纹卡子花。

2. CAD 图示

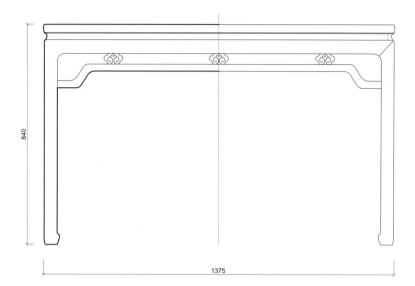

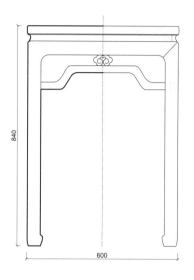

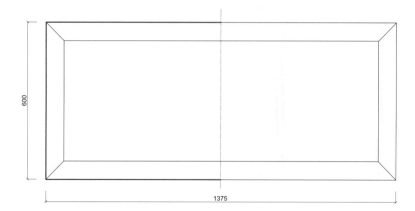

三视结构（CAD 图 1）

3. 用材效果

用材效果（材质：紫檀；效果图 2）

用材效果（材质：黄花梨；效果图 3）

用材效果（材质：红酸枝；效果图 4）

4. 结构爆炸

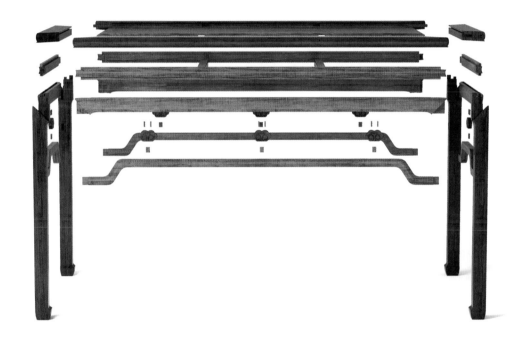

结构爆炸（效果图 5）

5. 部件示意

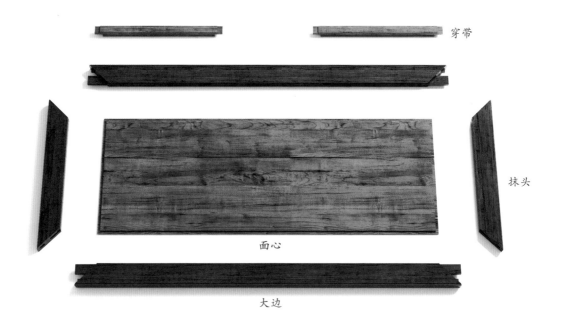

穿带

抹头

面心

大边

部件示意—桌面（效果图 6）

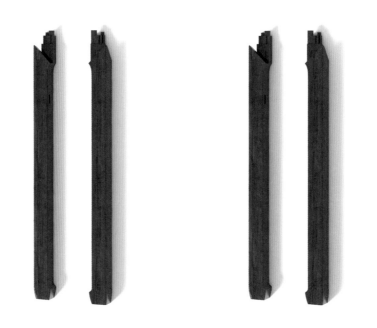

部件示意—腿子（效果图 7）

54

束腰（正）

束腰（侧）

部件示意—束腰（效果图 8）

牙板（正）

牙板（侧）

部件示意—牙板（效果图 9）

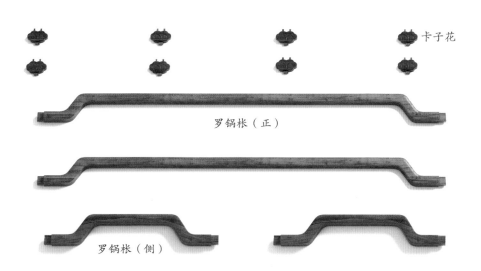

卡子花

罗锅枨（正）

罗锅枨（侧）

部件示意—罗锅枨和卡子花（效果图 10）

6. 细部详解

细部效果—桌面（效果图 11）

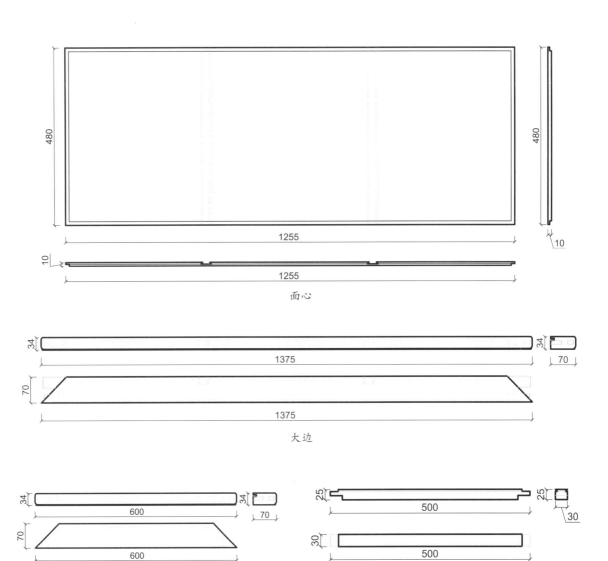

面心

大边

抹头

穿带

细部结构—桌面（CAD 图 2 ~ 图 5）

细部效果—束腰（效果图 12）

束腰（侧）

束腰（正）

细部结构—束腰（CAD 图 6 ~ 图 7）

细部效果—牙板（效果图 13）

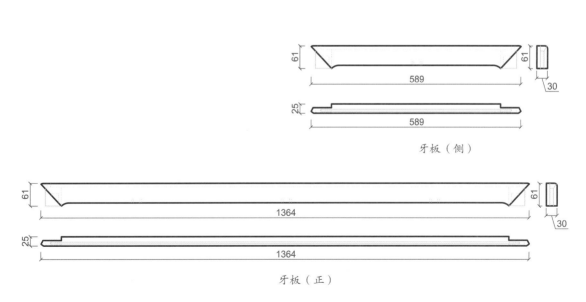

牙板（侧）

牙板（正）

细部结构—牙板（CAD 图 8 ~ 图 9）

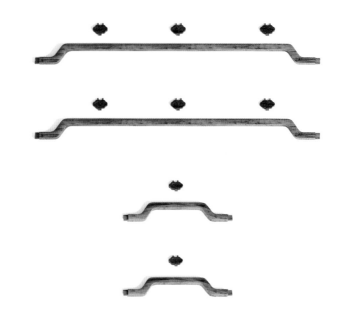

细部效果—罗锅枨和卡子花（效果图 14）

罗锅枨（正）

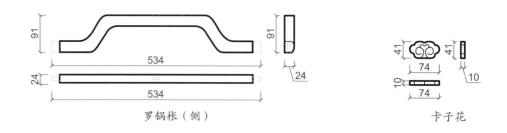

罗锅枨（侧）

卡子花

细部结构—罗锅枨和卡子花（CAD 图 10 ～ 图 12）

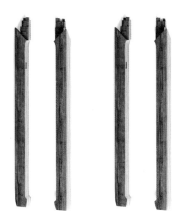

细部效果—腿子（效果图 15 ）

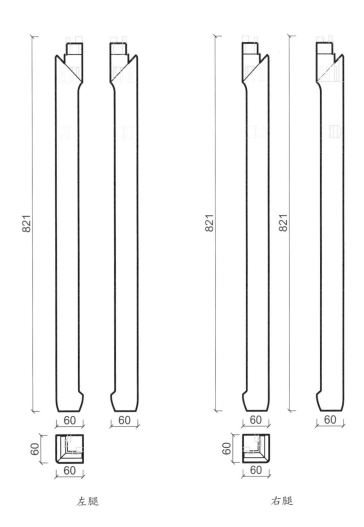

左腿

右腿

细部结构—腿子（CAD 图 13 ~ 图 14 ）

展腿式条桌

材质：黄花梨

年款：清

整体外观（效果图1）

1. 器形点评

　　此桌桌面为长方形，四围起拦水线。桌面下有束腰，束腰之下为洼堂肚牙板，雕饰回纹。四条腿足的做法极具特色，并非像其他桌腿一样直通到下，而是采用类似挖缺的做法，做出自上而下外凸内凹的形式，至底端做出方形足底。此桌可谓妙趣横生，富有变化。

2. CAD 图示

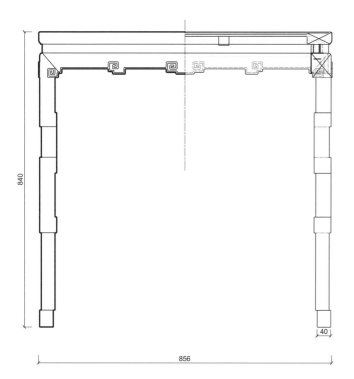

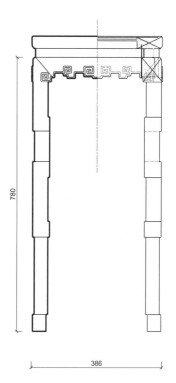

840

780

40

856

386

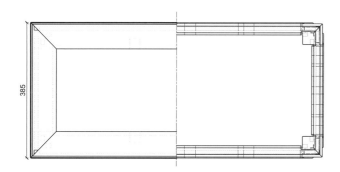

385

三视结构（CAD 图 1）

3. 用材效果

用材效果（材质：紫檀；效果图2）

用材效果（材质：黄花梨；效果图3）

用材效果（材质：红酸枝；效果图4）

4. 结构爆炸

结构爆炸（效果图 5）

5. 部件示意

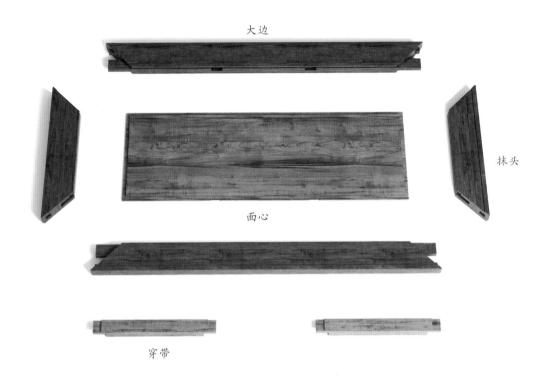

大边

抹头

面心

穿带

部件示意—桌面（效果图 6）

部件示意—腿子（效果图 7）

64

束腰（正）

束腰（侧）

部件示意—束腰（效果图 8）

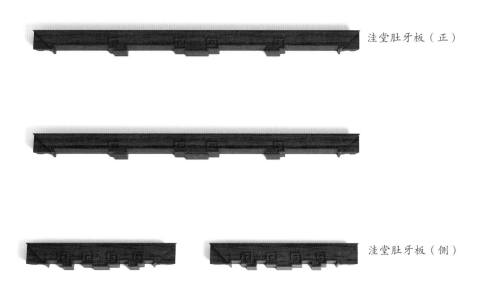

洼堂肚牙板（正）

洼堂肚牙板（侧）

部件示意—牙板（效果图 9）

6. 细部详解

细部效果—桌面（效果图 10）

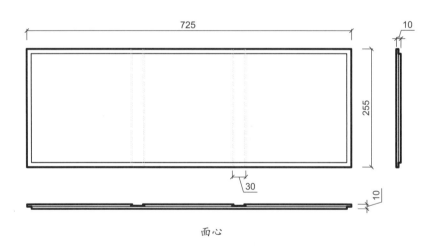

面心

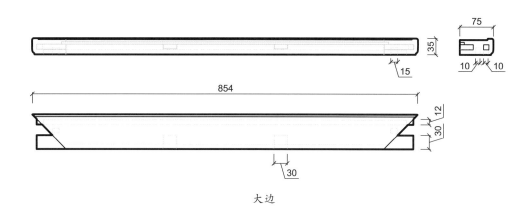

大边

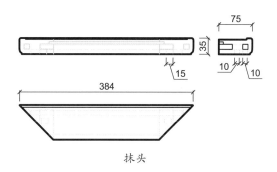

抹头

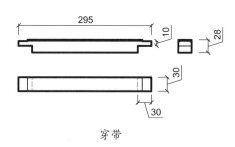

穿带

细部结构—桌面（CAD 图 2 ~ 图 5）

67

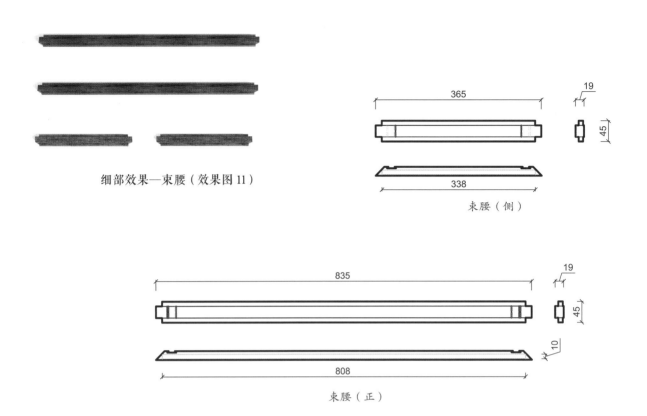

细部效果—束腰（效果图11）

束腰（侧）

束腰（正）

细部结构—束腰（CAD图6～图7）

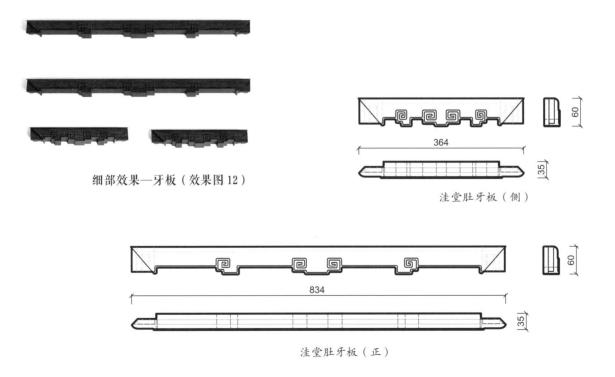

细部效果—牙板（效果图12）

洼堂肚牙板（侧）

洼堂肚牙板（正）

细部结构—牙板（CAD图8～图9）

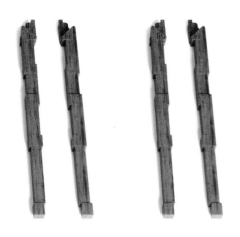

细部效果—腿子（效果图 13）

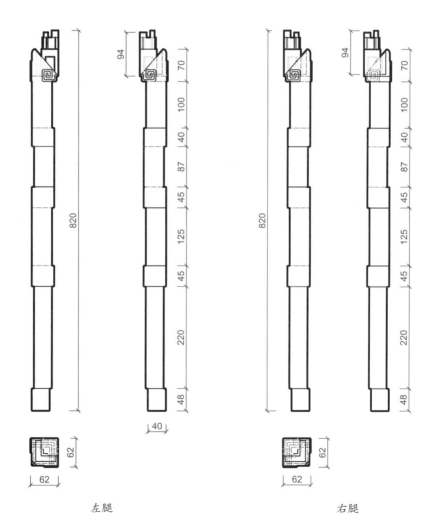

左腿   右腿

细部结构—腿子（CAD 图 10 ~ 图 11）

一腿三牙垛边条桌

材质：黄花梨

丰款：明

整体外观（效果图 1）

1. 器形点评

　　此条桌长方平直，紧贴桌面下加有一层劈料垛边。四腿为圆材，直落到地，至足端形成外展之势，侧脚收分明显。此桌在桌腿上方与桌面相接处装有透空曲尺牙子，又在四腿顶端的斜外方装有透空曲尺角牙，这样一来，桌腿在左右及斜前方共有三个牙子，是为一腿三牙。这是典型的明式家具做法，除了起到加固的作用外，还增加了美观性，使整张桌子看上去舒适悦目。

2. CAD 图示

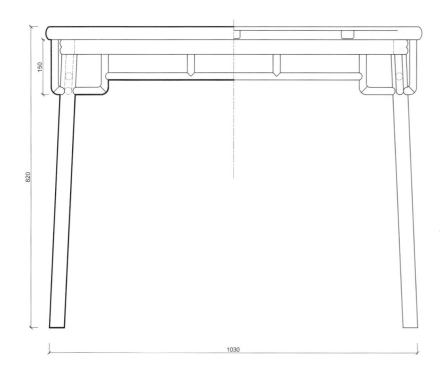

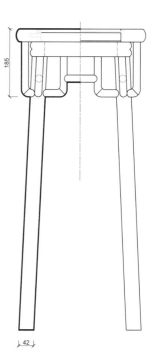

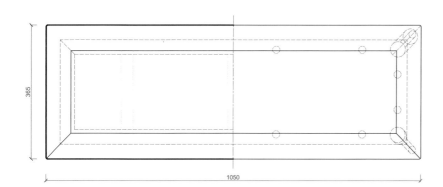

三视结构（CAD 图 1）

3. 用材效果

用材效果（材质：紫檀；效果图 2）

用材效果（材质：黄花梨；效果图 3）

用材效果（材质：红酸枝；效果图 4）

4. 结构爆炸

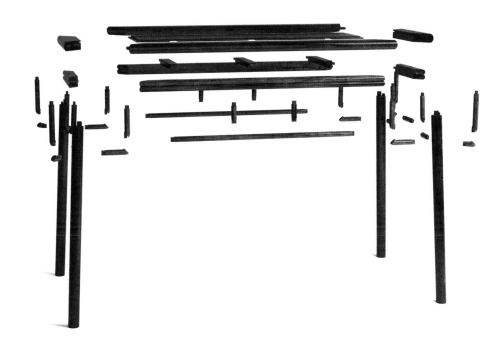

结构爆炸（效果图 5）

5. 部件示意

穿带

面心

大边

抹头

部件示意—桌面（效果图 6）

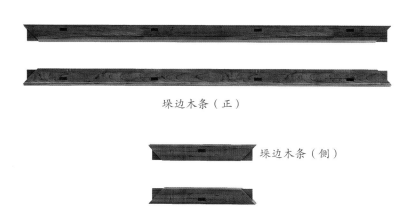

垛边木条（正）

垛边木条（侧）

部件示意—垛边木条（效果图 7）

74

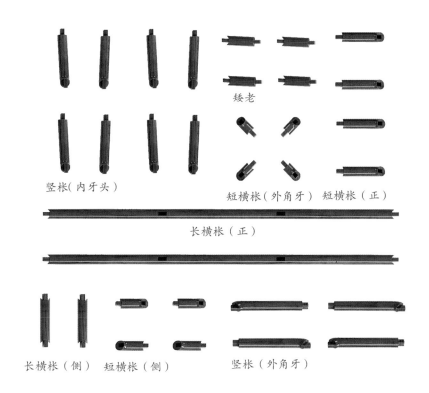

矮老

竖枨(内牙头)　　　短横枨（外角牙）　短横枨（正）

长横枨（正）

长横枨（侧）　短横枨（侧）　　竖枨（外角牙）

部件示意—牙条结构（效果图 8）

部件示意—腿子（效果图 9）

6. 细部详解

细部效果—桌面（效果图 10）

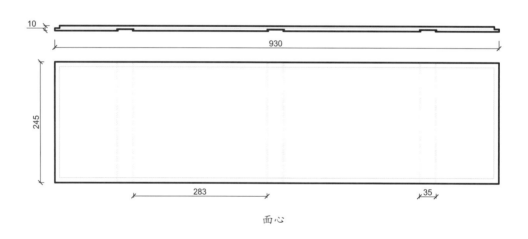

10

930

245

283

35

面心

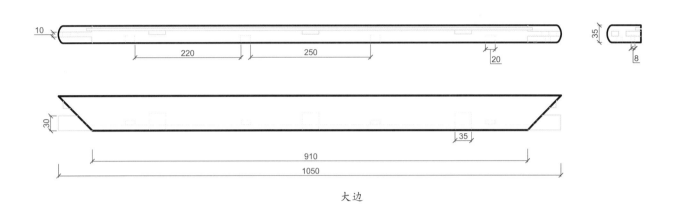

大边

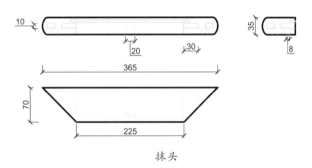

抹头

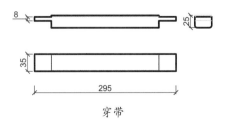

穿带

细部结构—桌面（CAD 图 2～图 5）

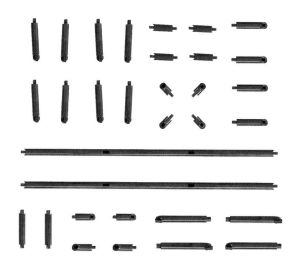

细部效果—牙条结构（效果图 11）

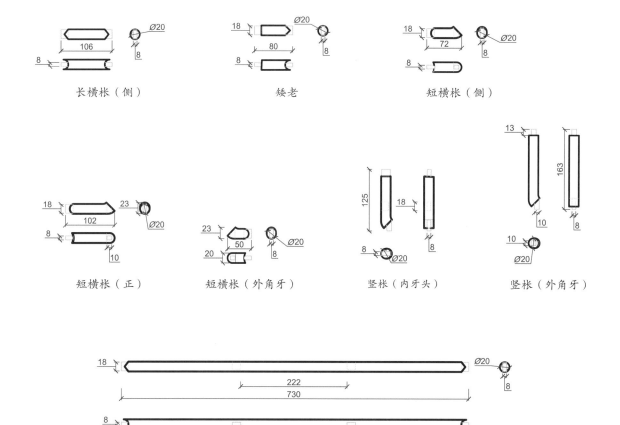

长横枨（侧）

矮老

短横枨（侧）

短横枨（正）

短横枨（外角牙）

竖枨（内牙头）

竖枨（外角牙）

长横枨（正）

细部结构—牙条结构（CAD 图 6 ~ 图 13）

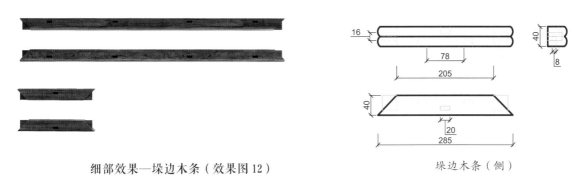

细部效果—垛边木条（效果图 12）

垛边木条（侧）

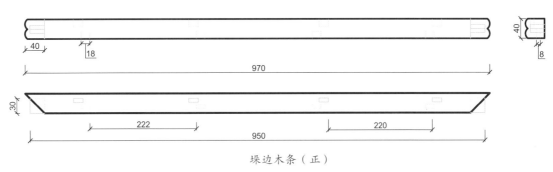

垛边木条（正）

细部结构—垛边木条（CAD 图 14 ～ 图 15）

细部效果—腿子（效果图 13）

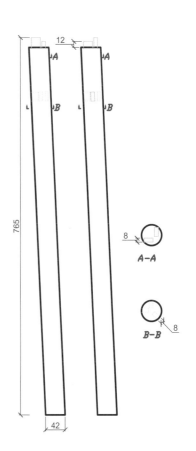

细部结构—腿子（CAD 图 16）

拐子纹炮仗洞开光条桌

材质：紫檀

年款：清

整体外观（效果图 1）

1. 器形点评

　　此桌桌面长方平直，边沿为冰盘沿线脚。下有束腰，开有三个炮仗洞开光，束腰下为拐子纹牙子。四腿为方材，直接落地，足端雕内翻回纹马蹄足。此桌雕饰精美，以回纹拐子作为装饰图案的主题，显得稳重大方，为典型的清式风格家具。

2. CAD 图示

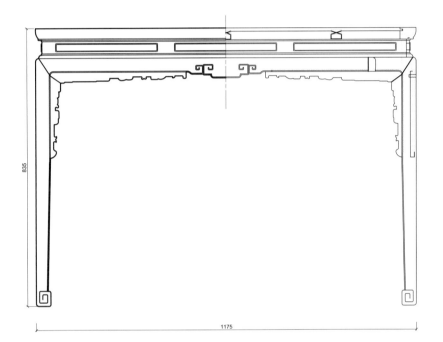
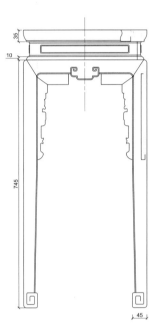

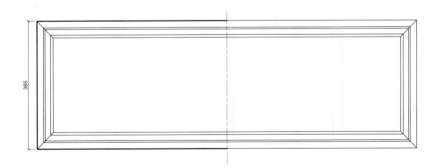

三视结构（CAD 图 1）

3. 用材效果

用材效果（材质：紫檀；效果图 2）

用材效果（材质：黄花梨；效果图 3）

用材效果（材质：红酸枝；效果图 4）

4. 结构爆炸

结构爆炸（效果图 5）

5. 部件示意

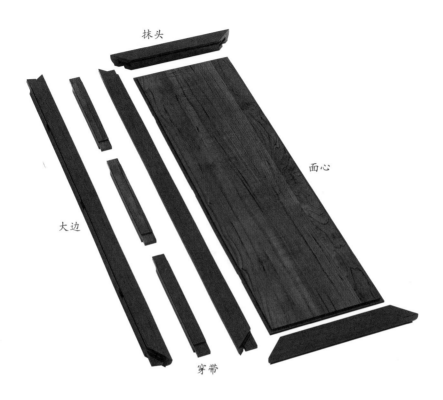

抹头

面心

大边

穿带

部件示意—桌面（效果图6）

部件示意—腿子（效果图7）

托腮（侧）

束腰（侧）

托腮（正）

束腰（正）

部件示意—束腰和托腮（效果图 8）

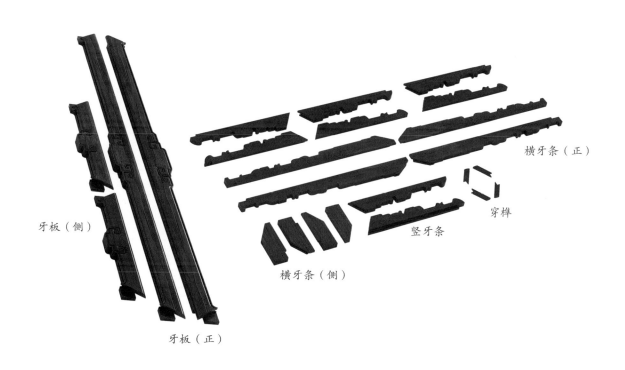

横牙条（正）

穿榫

竖牙条

牙板（侧）

横牙条（侧）

牙板（正）

部件示意—牙子（效果图 9）

6. 细部详解

细部效果—桌面（效果图10）

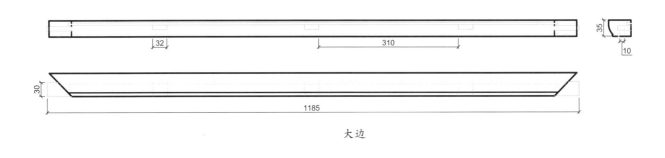

大边

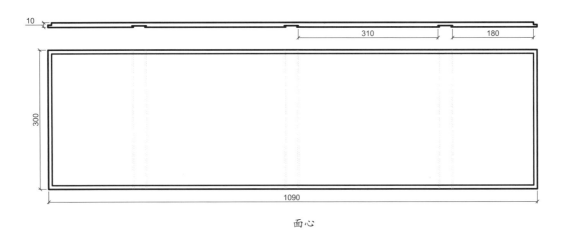

面心

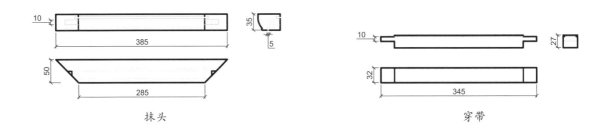

抹头   穿带

细部结构—桌面（CAD图2～图5）

86

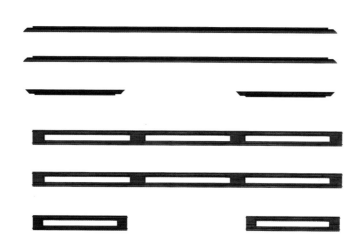

细部效果—束腰和托腮（效果图 11）

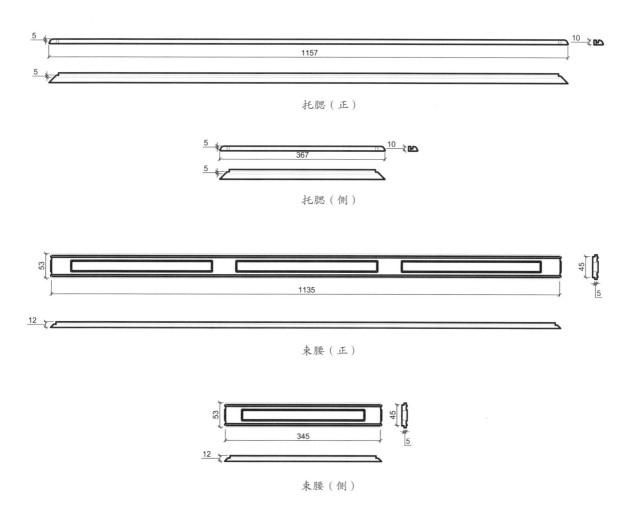

托腮（正）

托腮（侧）

束腰（正）

束腰（侧）

细部结构—束腰和托腮（CAD 图 6 ~ 图 9）

87

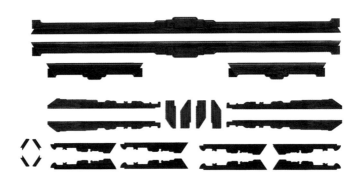

细部效果—牙子（效果图 12）

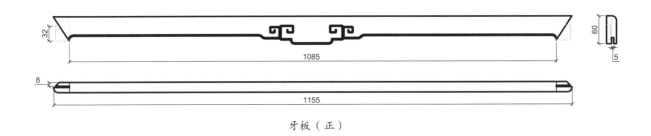

牙板（正）

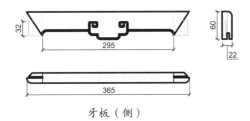

牙板（侧）

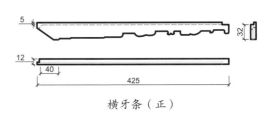

横牙条（正）

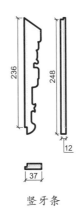

竖牙条

横牙条（侧）

细部结构—牙子（CAD 图 10 ~ 图 14）

88

细部效果—腿子（效果图 13）

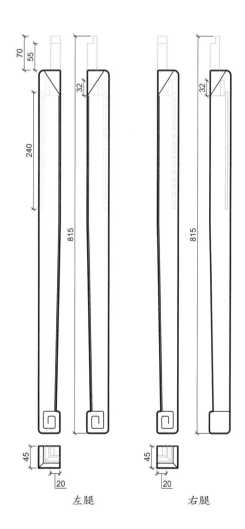

左腿　　　　　右腿

细部结构—腿子（CAD 图 15 ~ 图 16）

劈料裹腿做条桌

材质：黄花梨

年款：明

整体外观（效果图1）

1. 器形点评

　　此桌桌面四角做成圆角，边沿为多混面劈料做法。四腿为圆材，直落到地，四腿上端安有裹腿横枨，把四条桌腿包裹在里面。这种做法称为裹腿做。横枨与桌面之间又镶有绦环板，中以矮柱相隔，绦环板上开有鱼门洞开光。此桌通体采用圆材，造型圆润委婉，美观疏朗。

2. CAD 图示

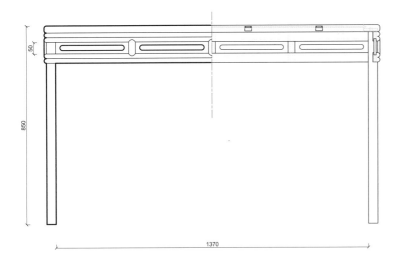

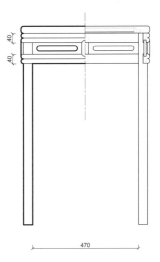

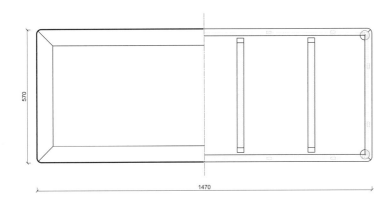

三视结构（CAD 图 1）

3. 用材效果

用材效果（材质：紫檀；效果图2）

用材效果（材质：黄花梨；效果图3）

用材效果（材质：红酸枝；效果图4）

4. 结构爆炸

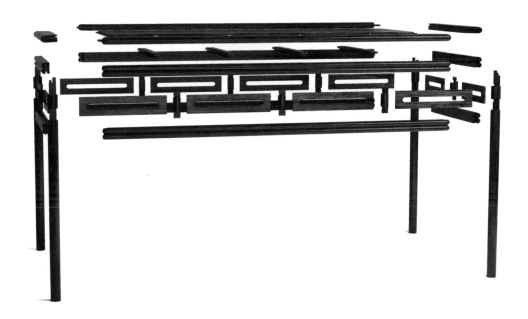

结构爆炸（效果图 5）

5. 部件示意

大边

面心

抹头

穿带

部件示意—桌面（效果图 6）

垛边木条（侧）

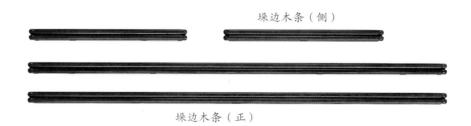

垛边木条（正）

部件示意—垛边木条（效果图 7）

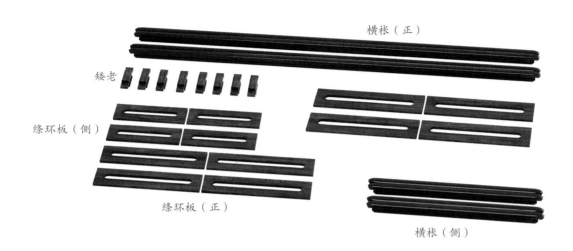

横枨（正）

矮老

绦环板（侧）

绦环板（正）

横枨（侧）

部件示意—横枨和绦环板（效果图8）

部件示意—腿子（效果图9）

95

6. 细部详解

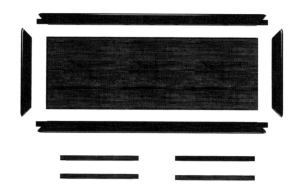

细部效果—桌面（效果图10）

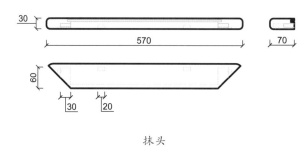

抹头

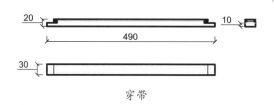

穿带

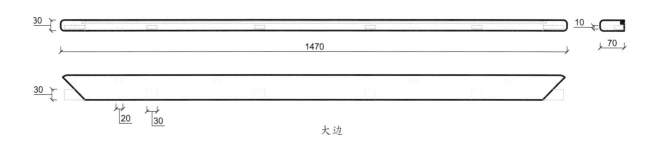

30

1470

10

70

30

20

30

大边

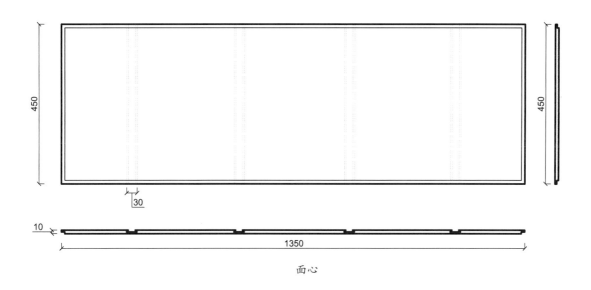

450

450

30

10

1350

面心

细部结构—桌面（CAD 图 2 ~ 图 5）

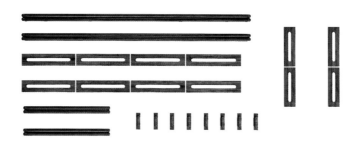

细部效果—横枨和绦环板（效果图11）

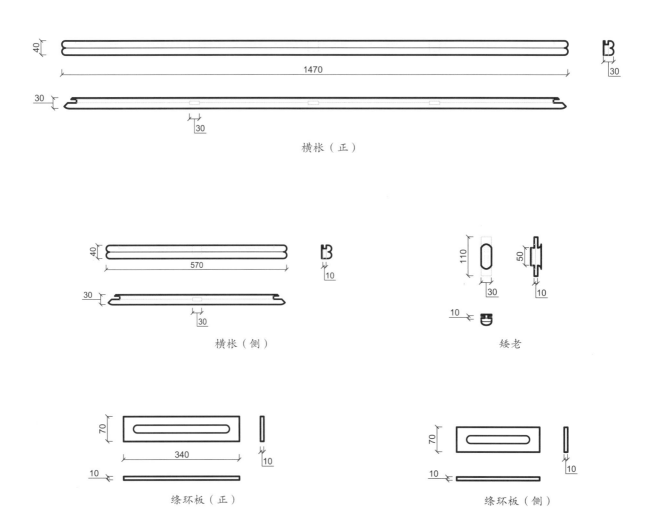

横枨（正）

横枨（侧）

矮老

绦环板（正）

绦环板（侧）

细部结构—横枨和绦环板（CAD 图 6 ~ 图 10）

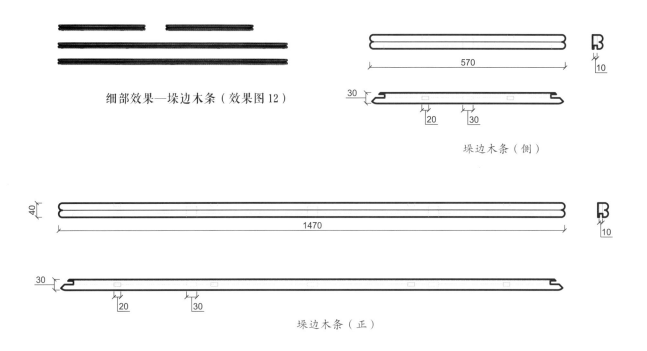

细部效果—垛边木条（效果图 12）

垛边木条（侧）

570

10

30

20 30

40

1470

10

30

20 30

垛边木条（正）

细部结构—垛边木条（CAD 图 11 ~ 图 12）

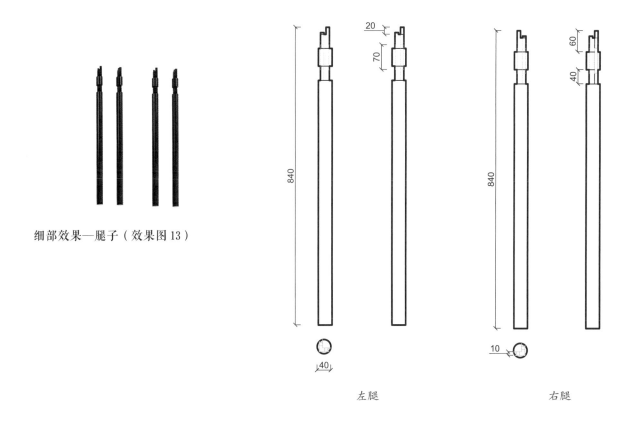

细部效果—腿子（效果图 13）

20

70

840

60

40

840

840

左腿

右腿

40

10

细部结构—腿子（CAD 图 13 ~ 图 14）

卷云纹条桌

材质：红酸枝

年款：清

整体外观（效果图1）

1.器形点评

此桌桌面长方平直，下有束腰，束腰打洼。洼堂肚牙子正中浮雕卷云纹，另装角牙，雕饰成勾云纹。四腿为方材，直落到地，至足端雕成内翻回纹足。此桌做工精美，方正规整，牙板上的云纹和腿足之间的内翻回纹上下呼应，略施粉黛，是一件工精料细的清式风格家具。

2. CAD 图示

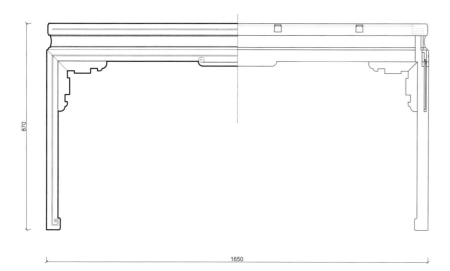

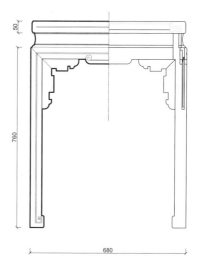

三视结构（CAD 图 1）

3. 用材效果

用材效果（材质：紫檀；效果图 2）

用材效果（材质：黄花梨；效果图 3）

用材效果（材质：红酸枝；效果图 4）

4. 结构爆炸

结构爆炸（效果图 5）

5. 部件示意

抹头　　大边　　　面心

穿带

部件示意—桌面（效果图 6）

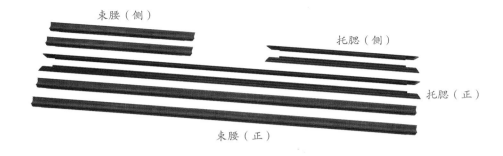

束腰（侧）

托腮（侧）

托腮（正）

束腰（正）

部件示意—束腰和托腮（效果图 7）

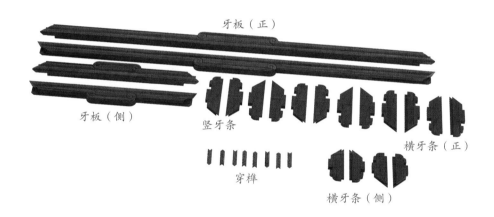

牙板（正）

牙板（侧）

竖牙条

横牙条（正）

穿榫

横牙条（侧）

部件示意—牙子（效果图 8）

部件示意—腿子（效果图 9）

6. 细部详解

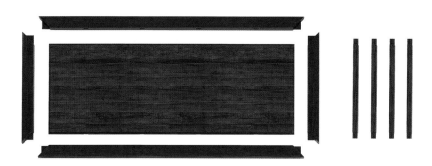

细部效果—桌面（效果图 10）

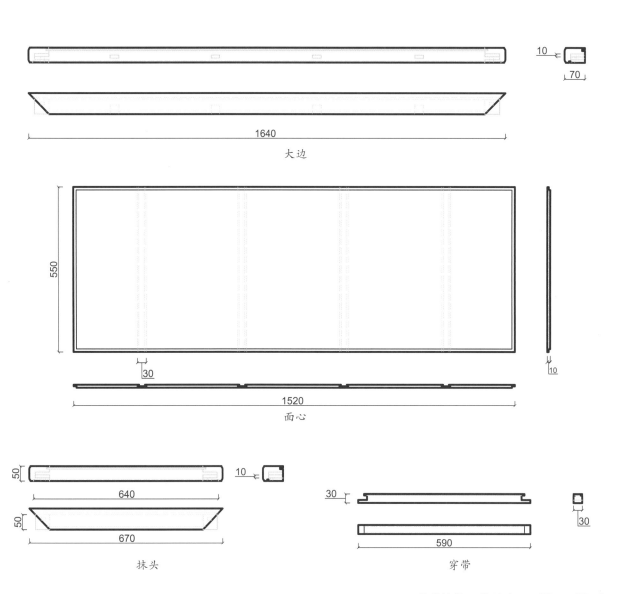

10

70

1640

大边

550

30

10

1520

面心

50

10

640

50

670

抹头

30

590

30

穿带

细部结构—桌面（CAD 图 2 ~ 图 5）

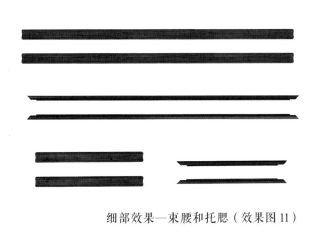

细部效果—束腰和托腮（效果图11）

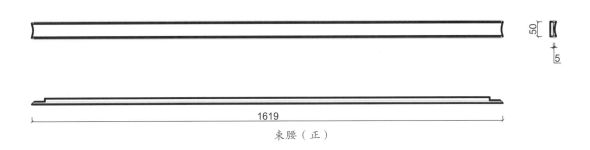

束腰（正）

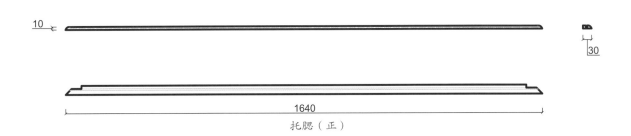

托腮（正）

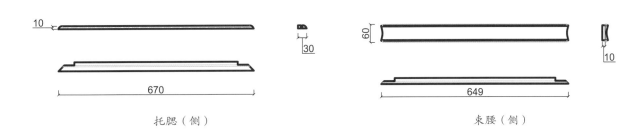

托腮（侧）　　　　束腰（侧）

细部结构—束腰和托腮（CAD 图 6 ~ 图 9）

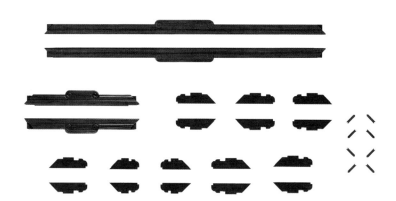

细部效果—牙子（效果图 12）

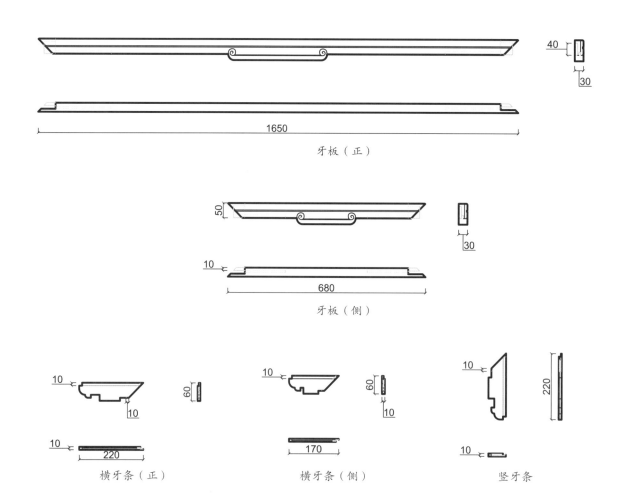

牙板（正）

1650

40
30

牙板（侧）

50
30

10
680

横牙条（正）

10
60
10
220

横牙条（侧）

10
60
10
170

竖牙条

10
220
10

细部效果—腿子（效果图13）

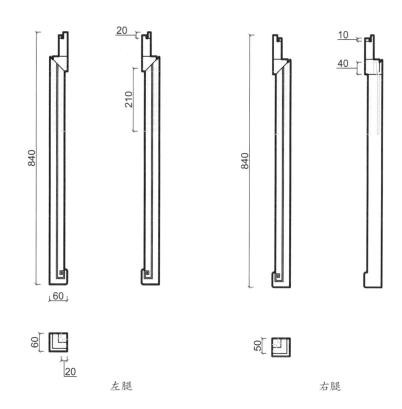

左腿

右腿

细部结构—腿子（CAD图15 ~ 图16）

拐子纹条桌

材质：紫檀

年款：清

整体外观（效果图1）

1. 器形点评

此桌桌面长方平直，冰盘沿线脚，桌面下束腰处开有长方形透光。四腿为方材，直落到地，足端雕内翻回纹马蹄足。四腿上端装攒拐子纹牙条，与牙板相连。此桌做工精湛，稳重大方。

2. CAD 图示

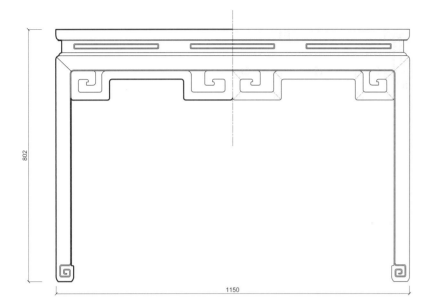

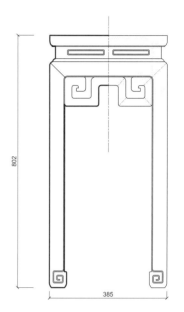

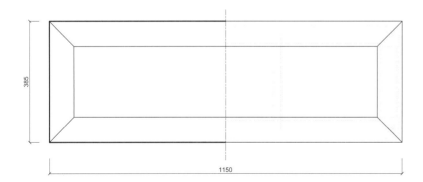

三视结构（CAD 图 1）

3. 用材效果

用材效果（材质：紫檀；效果图 2 ）

用材效果（材质：黄花梨；效果图 3 ）

用材效果（材质：红酸枝；效果图 4 ）

4. 结构爆炸

结构爆炸（效果图 5）

5. 部件示意

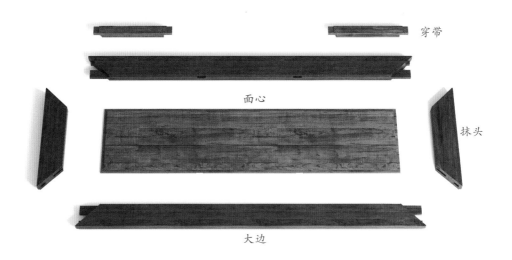

部件示意—桌面（效果图 6）

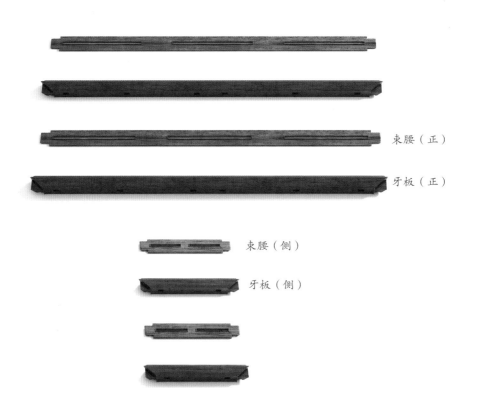

部件示意—束腰和牙板（效果图 7）

114

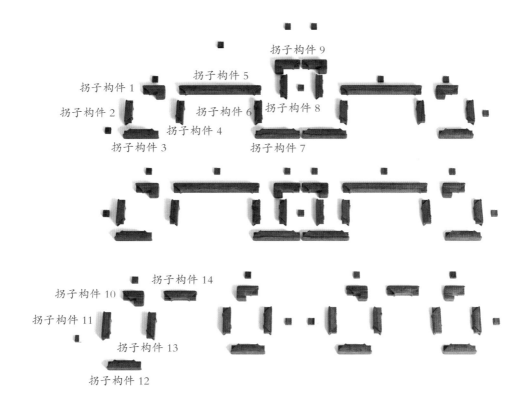

拐子构件 1
拐子构件 2
拐子构件 3
拐子构件 4
拐子构件 5
拐子构件 6
拐子构件 7
拐子构件 8
拐子构件 9
拐子构件 10
拐子构件 11
拐子构件 12
拐子构件 13
拐子构件 14

部件示意—牙条结构（效果图 8）

部件示意—腿子（效果图 9）

6. 细部详解

细部效果—桌面（效果图 10）

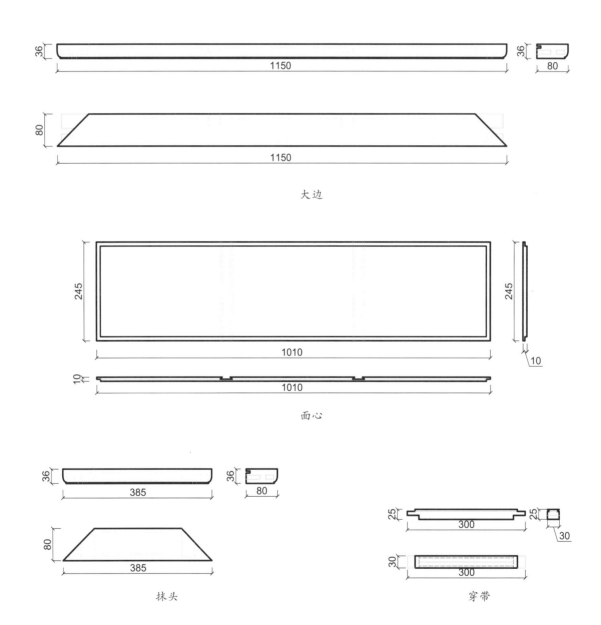

大边

面心

抹头

穿带

细部效果—束腰和牙板（效果图 11）

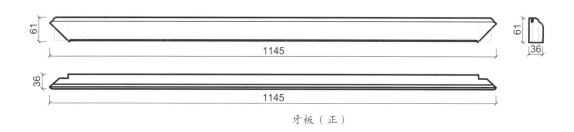

牙板（正）

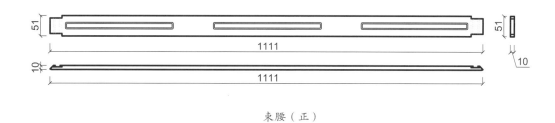

束腰（正）

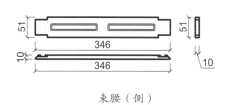

束腰（侧）

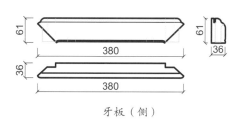

牙板（侧）

细部结构—束腰和牙板（CAD 图 6 ~ 图 9）

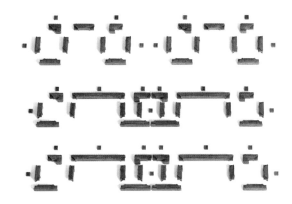

细部效果—牙条结构（效果图 12）

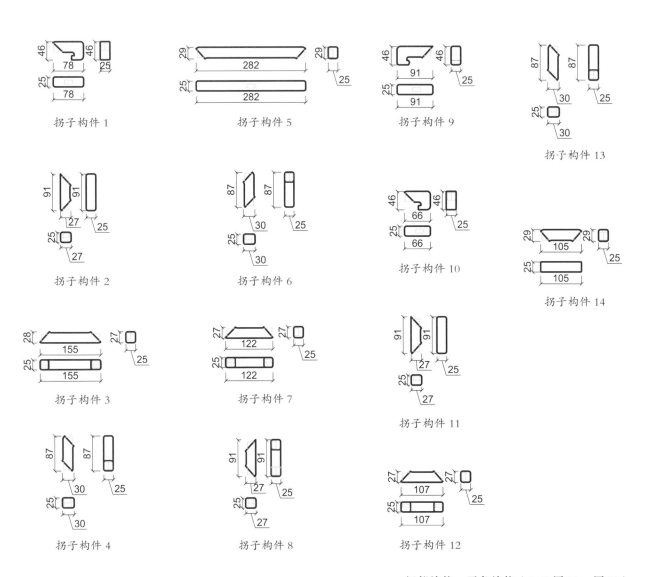

拐子构件 1

拐子构件 2

拐子构件 3

拐子构件 4

拐子构件 5

拐子构件 6

拐子构件 7

拐子构件 8

拐子构件 9

拐子构件 10

拐子构件 11

拐子构件 12

拐子构件 13

拐子构件 14

细部结构—牙条结构（CAD 图 10 ~ 图 23 ）

细部效果—腿子（效果图 13）

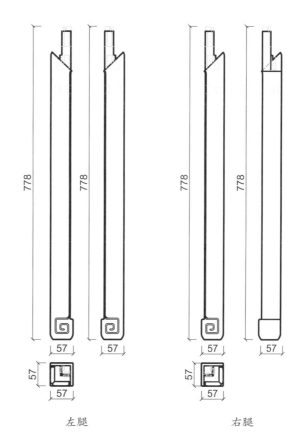

左腿　　　　　　右腿

细部结构—腿子（CAD 图 24 ~ 图 25）

壶门牙板高束腰条桌

材质：黄花梨

年款：明

整体外观（效果图1）

1. 器形点评

　　此桌桌面呈长方形，攒边打槽装板，桌面边沿冰盘沿线脚。桌面下有高束腰，束腰之下装极窄的壶门牙板。四腿为方材，直落到地，腿中部起云纹翅，足端内翻勾云马蹄。整个造型简洁明快，线条流畅，有一种清水出芙蓉、天然去雕饰的意趣。

2. CAD 图示

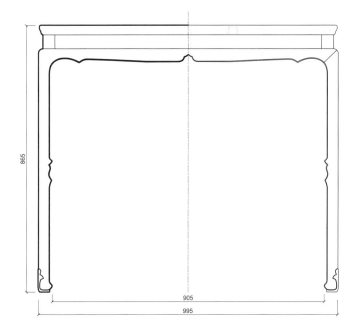

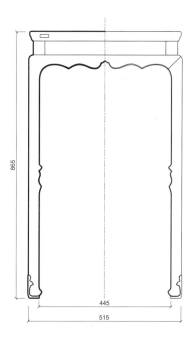

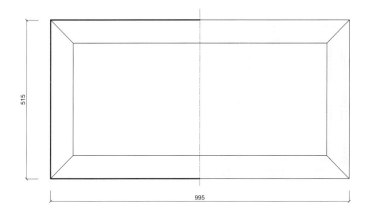

三视结构（CAD 图 1）

3. 用材效果

用材效果（材质：紫檀；效果图 2 ）

用材效果（材质：黄花梨；效果图 3 ）

用材效果（材质：红酸枝；效果图 4 ）

4. 结构爆炸

结构爆炸（效果图 5）

5. 部件示意

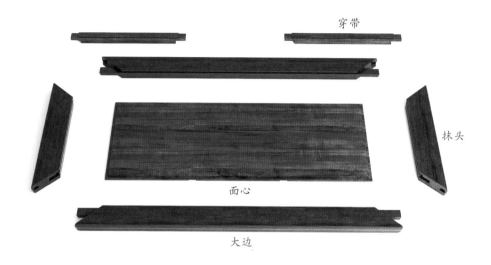

穿带

抹头

面心

大边

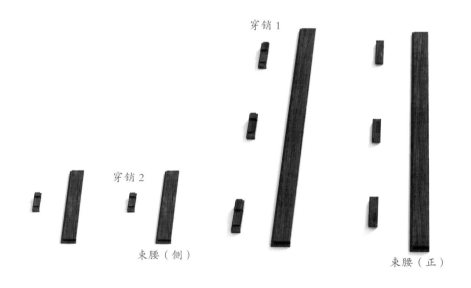

穿销 1

穿销 2

束腰（侧）

束腰（正）

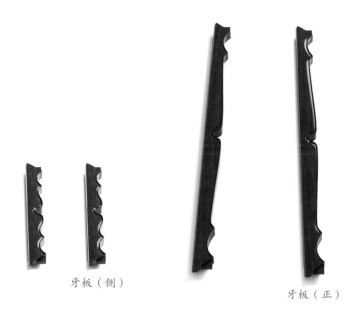

牙板（侧）　　　　　　　　　　　牙板（正）

部件示意—牙板（效果图 8 ）

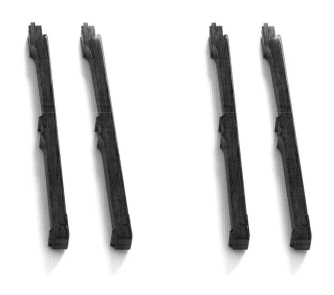

部件示意—腿子（效果图 9 ）

6. 细部详解

细部效果—桌面（效果图 10）

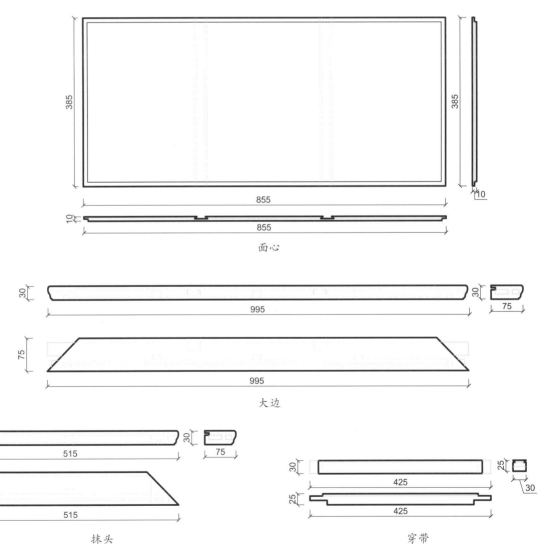

面心

大边

抹头

穿带

细部结构—桌面（CAD 图 2 ～图 5）

126

细部效果—牙板（效果图 11）

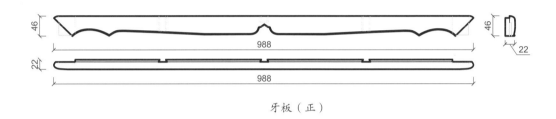

牙板（正）

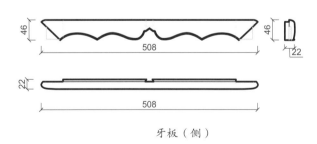

牙板（侧）

细部效果—束腰（效果图 12）

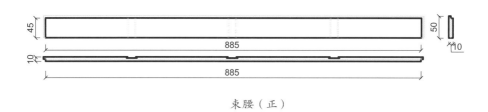

束腰（正）

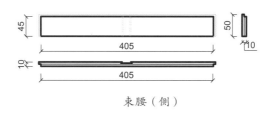

束腰（侧）

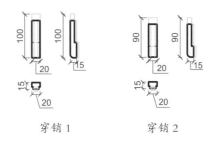

穿销 1　　　　穿销 2

细部结构—束腰（CAD 图 8 ~ 图 11）

细部效果—腿子（效果图 13）

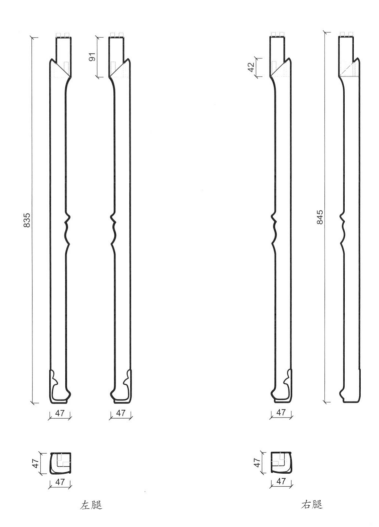

左腿   右腿

细部结构—腿子（CAD 图 12 ~ 图 13）

129

喷面罗锅枨条桌

材质：红酸枝

年款：明

整体外观（效果图1）

1. 器形点评

此桌桌面长方平直，向两端探出，形成喷面，下有极窄的束腰。四条腿缩进桌面安装，直腿方材，直落到地，形成内翻马蹄足。四腿上端安有罗锅枨，枨上栽矮老。整张条桌没有过多雕饰，以简洁的线条取胜，有疏朗俊秀之感。

2. CAD 图示

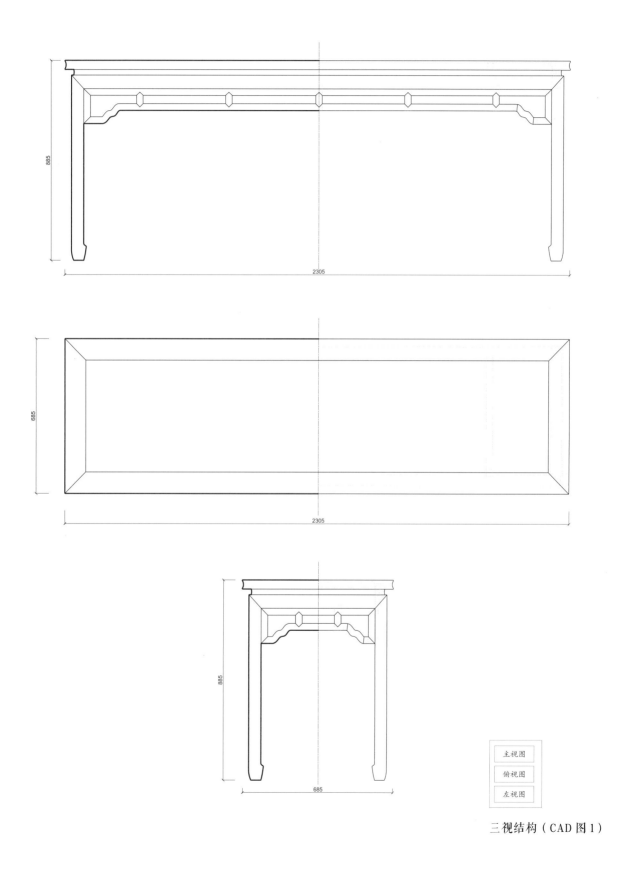

三视结构（CAD 图 1）

3. 用材效果

用材效果（材质：紫檀；效果图 2 ）

用材效果（材质：黄花梨；效果图 3 ）

用材效果（材质：红酸枝；效果图 4 ）

4. 结构爆炸

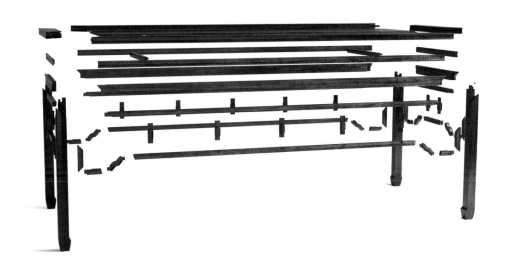

结构爆炸（效果图 5）

5. 部件示意

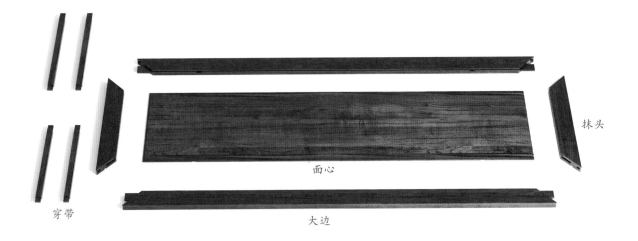

抹头

面心

穿带

大边

部件示意—桌面（效果图6）

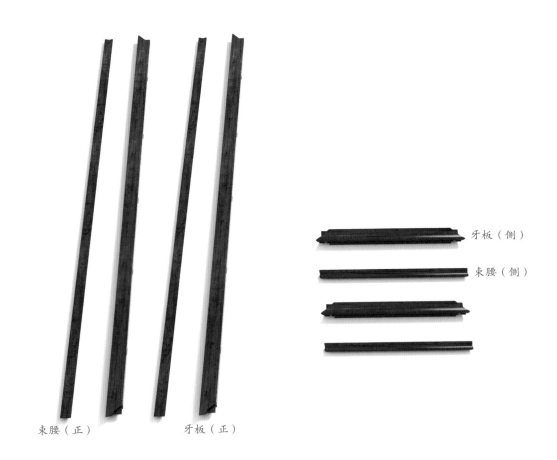

牙板（侧）

束腰（侧）

束腰（正）

牙板（正）

部件示意—束腰和牙板（效果图7）

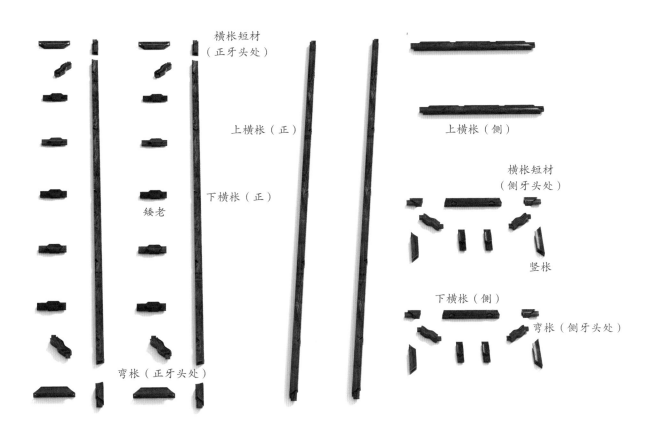

横枨短材
（正牙头处）

上横枨（正）

下横枨（正）

矮老

弯枨（正牙头处）

上横枨（侧）

横枨短材
（侧牙头处）

竖枨

下横枨（侧）

弯枨（侧牙头处）

部件示意—牙条结构（效果图 8）

部件示意—腿子（效果图 9）

6. 细部详解

细部效果—桌面（效果图10）

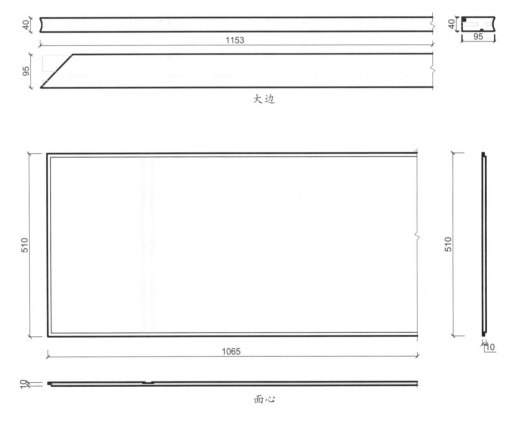

大边

面心

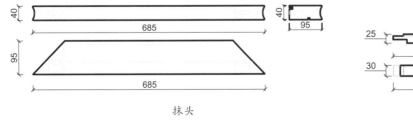

抹头

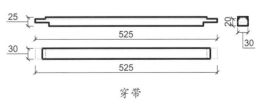

穿带

细部结构—桌面（CAD图2～图5）

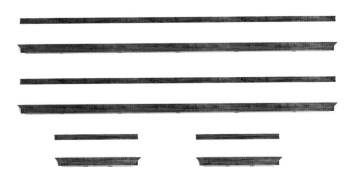

细部效果—束腰和牙板（效果图 11）

1123

60

60

18

牙板（正）

1112

25

25

13

13

束腰（正）

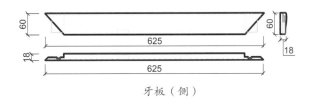

60

625

60

18

625

牙板（侧）

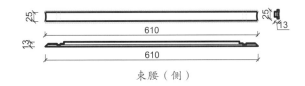

25

610

25

13

13

610

束腰（侧）

细部结构—束腰和牙板（CAD 图 6 ~ 图 9）

137

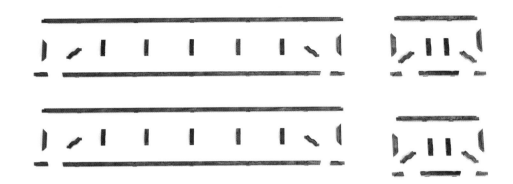

细部效果—牙条结构（效果图 12）

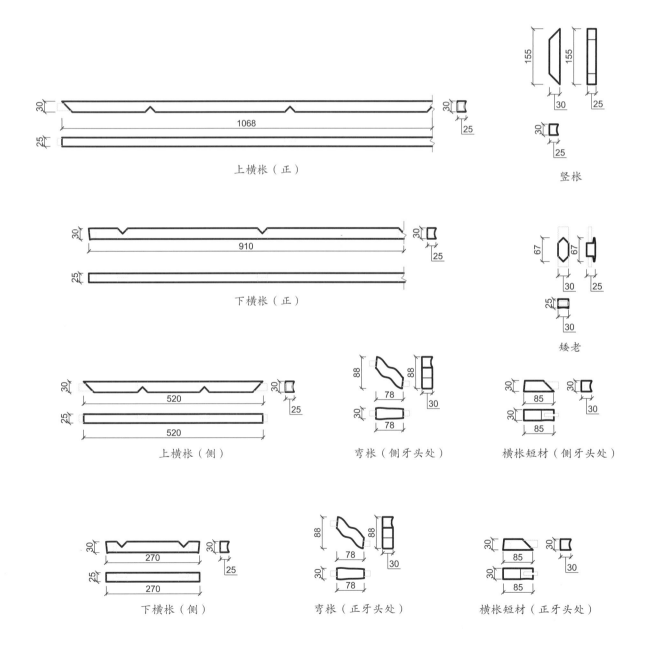

上横枨（正）

竖枨

下横枨（正）

矮老

上横枨（侧）

弯枨（侧牙头处）

横枨短材（侧牙头处）

下横枨（侧）

弯枨（正牙头处）

横枨短材（正牙头处）

细部结构—牙条结构（CAD 图 10 ~ 图 19）

细部效果—腿子（效果图13）

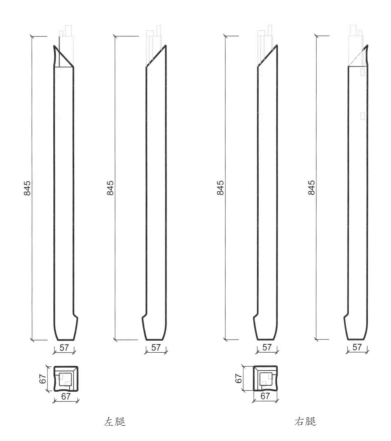

左腿   右腿

裹腿罗锅枨条桌

材质：黄花梨

年款：明

整体外观（效果图1）

1. 器形点评

此桌桌面长方平直，边抹为双混面劈料做法，其下又垛边一层，同为双混面劈料做，与腿子相连处又多一层，形似牙头。桌面之下安有罗锅枨，包裹在四腿之外。四腿为圆材，直落到地。此桌采用圆包圆裹腿做法，此做法为明式家具的经典制作技法。此桌装饰无多，唯以线脚取胜，有一种疏朗俊秀之感。

2. CAD 图示

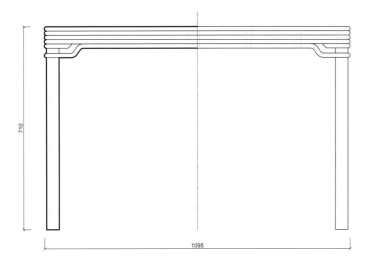

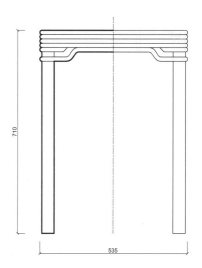

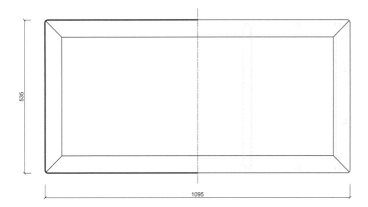

三视结构（CAD 图 1）

3. 用材效果

用材效果（材质：紫檀；效果图 2 ）

用材效果（材质：黄花梨；效果图 3 ）

用材效果（材质：红酸枝；效果图 4 ）

142

4. 结构爆炸

结构爆炸（效果图5）

5. 部件示意

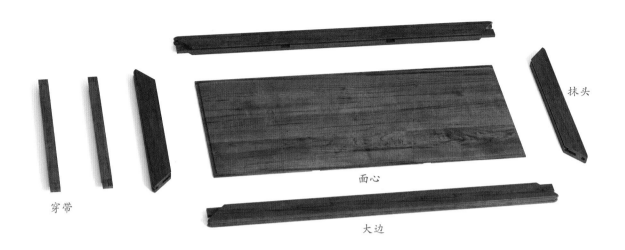

穿带

面心

抹头

大边

部件示意—桌面（效果图 6）

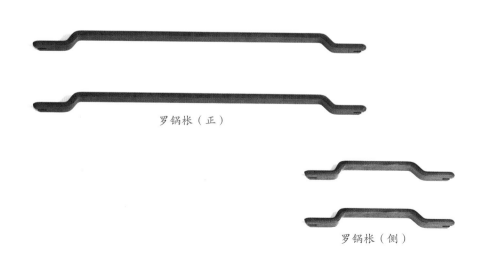

罗锅枨（正）

罗锅枨（侧）

部件示意—罗锅枨（效果图 7）

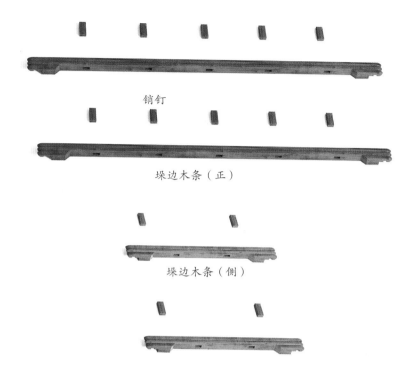

销钉

垛边木条（正）

垛边木条（侧）

部件示意—垛边木条（效果图 8）

部件示意—腿子（效果图 9）

6. 细部详解

细部效果—桌面（效果图 10）

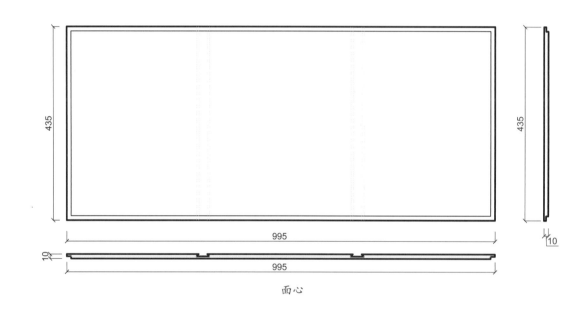

面心

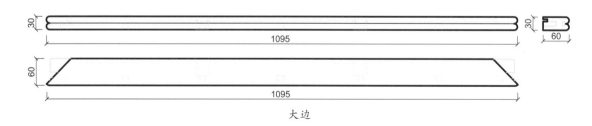

大边

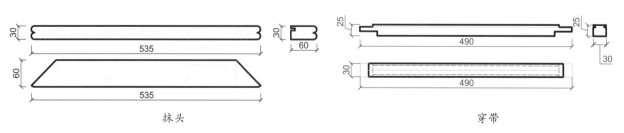

抹头   穿带

细部结构—桌面（CAD 图 2 ~ 图 5）

细部效果—垛边木条（效果图 11）

垛边木条（正）

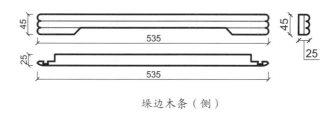

垛边木条（侧）

细部结构—垛边木条（CAD 图 6 ~ 图 7）

细部效果—罗锅枨（效果图12）

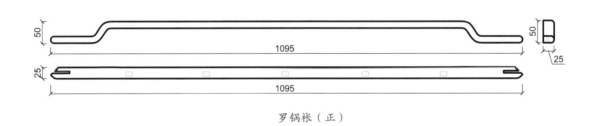

罗锅枨（正）

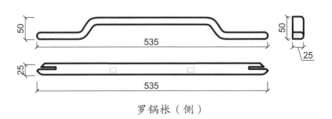

罗锅枨（侧）

细部结构—罗锅枨（CAD图8～图9）

细部效果—腿子（效果图13）

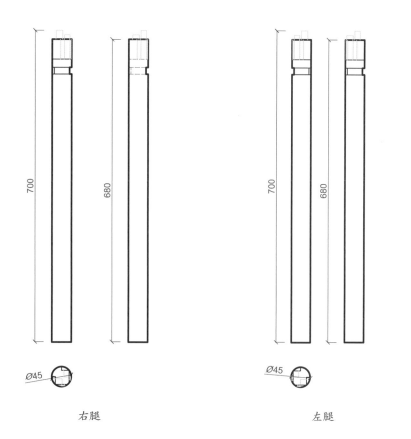

右腿

左腿

细部结构—腿子（CAD 图 10 ~ 图 11）

149

嵌大理石罗锅枨条桌

材质：黄花梨

丰款：明

整体外观（效果图1）

1. 器形点评

　　此桌桌面长方平直，四边攒框，中嵌大理石面心，桌面边沿为冰盘沿线脚。桌面之下四腿为方材，四腿灵秀纤细但不单薄，足端直落到地，形成内翻马蹄足。四腿上部安罗锅枨，枨上栽矮老。此桌整体造型简素无饰，形态修长，长方形桌面与四条方材腿足上下呼应，素雅大方。

2. CAD 图示

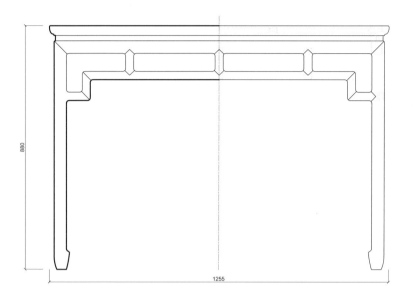

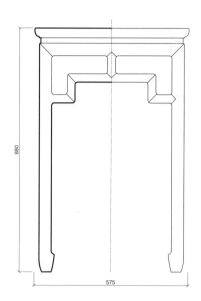

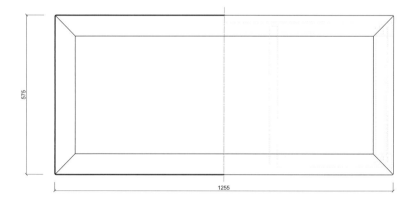

三视结构（CAD 图 1）

3. 用材效果

用材效果（材质：紫檀；效果图 2）

用材效果（材质：黄花梨；效果图 3）

用材效果（材质：红酸枝；效果图 4）

4. 结构爆炸

结构爆炸（效果图5）

5. 部件示意

抹头

石心

托带

大边

束腰（正）

牙板（正）

牙板（侧）

束腰（侧）

竖枨（正）

矮老

短横枨（正）

长横枨（正）

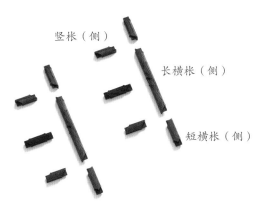

竖枨（侧）

长横枨（侧）

短横枨（侧）

部件示意—罗锅枨和矮老（效果图 8）

部件示意—腿子（效果图 9）

155

6. 细部详解

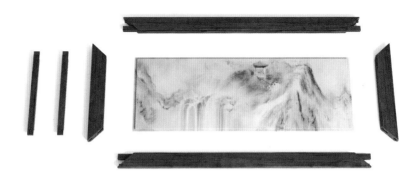

细部效果—桌面（效果图10）

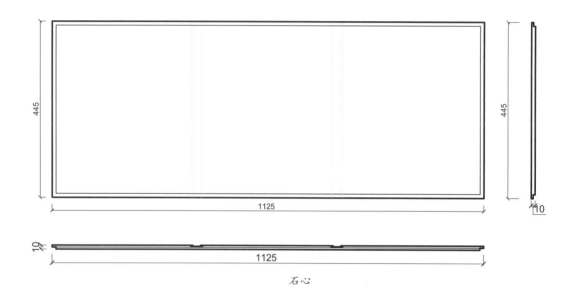

石心

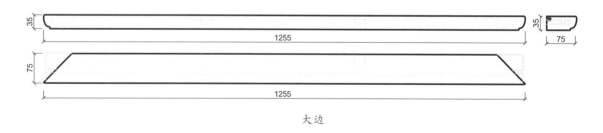

大边

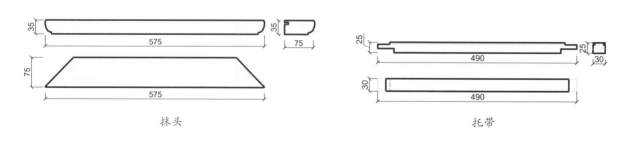

抹头

托带

细部结构—桌面（CAD图 2 ~ 图 5）

156

细部效果—束腰和牙板（效果图 11）

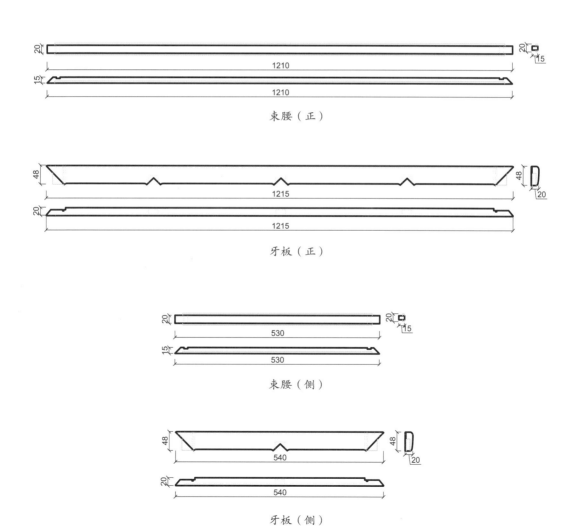

束腰（正）

牙板（正）

束腰（侧）

牙板（侧）

细部结构—束腰和牙板（CAD 图 6 ~ 图 9）

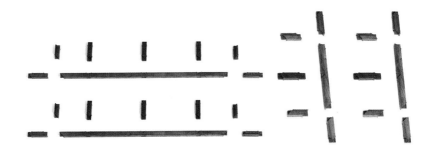

细部效果—罗锅枨和矮老（效果图 12）

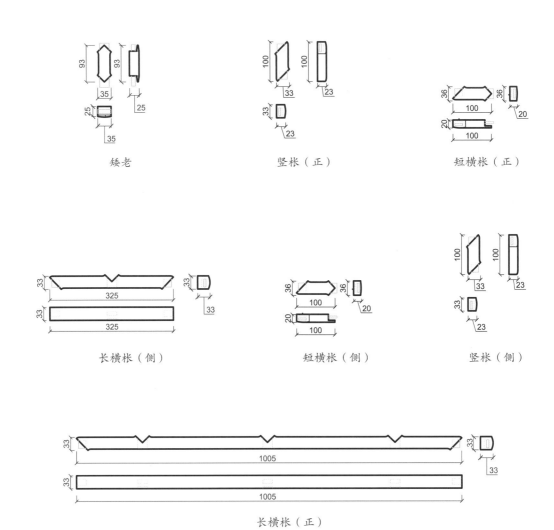

矮老

竖枨（正）

短横枨（正）

长横枨（侧）

短横枨（侧）

竖枨（侧）

长横枨（正）

细部结构—罗锅枨和矮老（CAD 图 10 ~ 图 16）

细部效果—腿子（效果图 13）

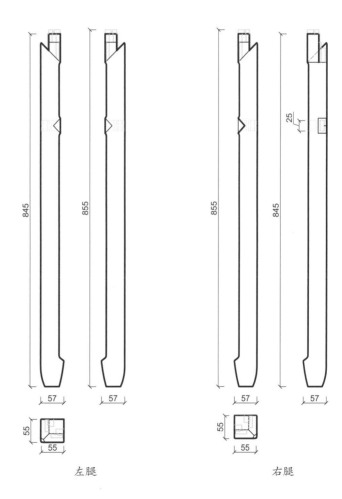

左腿

右腿

细部结构—腿子（CAD 图 17 ~ 图 18）

159

罗锅枨小条桌

材质：黄花梨

年款：明

整体外观（效果图1）

1. 器形点评

此桌桌面长方平直，攒框打槽装板，冰盘沿线脚。四腿为圆材，直落到地。四腿上端安罗锅枨，枨上栽矮老。此桌通体光素无饰，造型简洁大方，疏朗灵秀，有明式家具的意趣。

2. CAD 图示

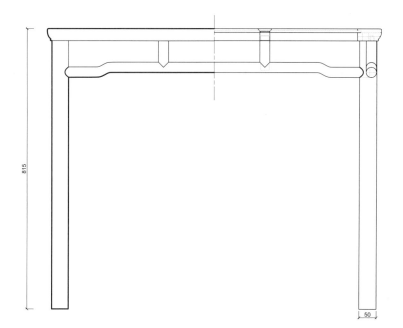

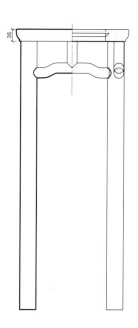

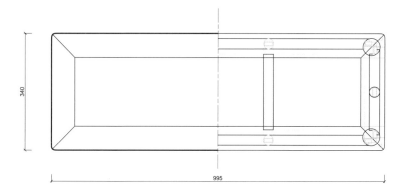

三视结构（CAD 图 1）

3. 用材效果

用材效果（材质：紫檀；效果图 2）

用材效果（材质：黄花梨；效果图 3）

用材效果（材质：红酸枝；效果图 4）

4. 结构爆炸

结构爆炸（效果图 5）

5. 部件示意

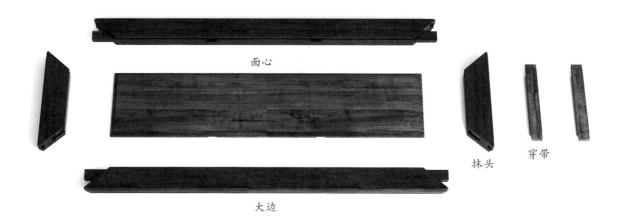

面心

抹头

穿带

大边

部件示意—桌面（效果图 6）

部件示意—腿子（效果图7）

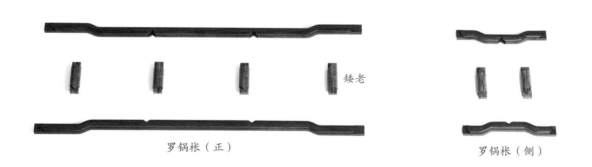

矮老

罗锅枨（正）

罗锅枨（侧）

部件示意—罗锅枨和矮老（效果图8）

6. 细部详解

细部效果—桌面（效果图 9）

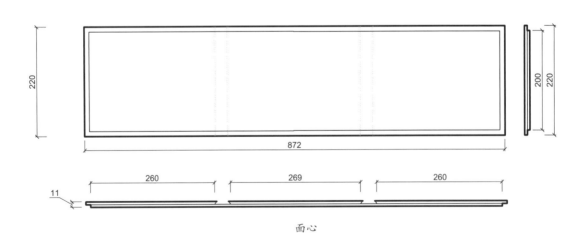

面心

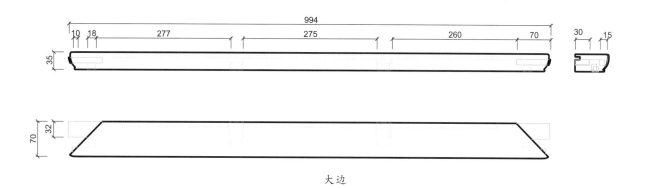

大边

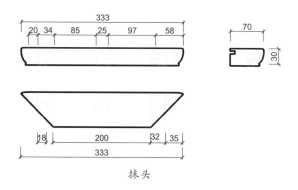

抹头

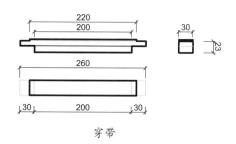

穿带

细部结构—桌面（CAD 图 2 ~ 图 5）

细部效果—罗锅枨和矮老（效果图 10）

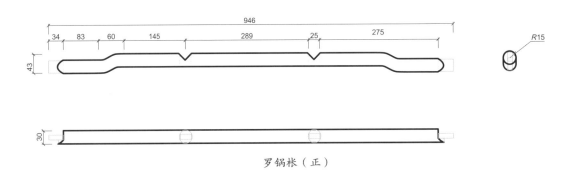

罗锅枨（正）

罗锅枨（侧）

矮老

细部效果—腿子（效果图 11 ）

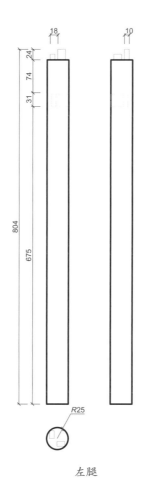

左腿

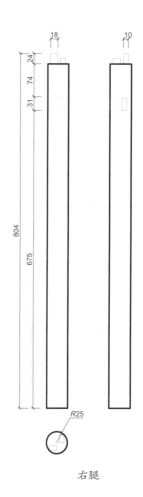

右腿

细部结构—腿子（CAD 图 9 ～图 10 ）

一腿三牙罗锅枨条桌

材质：红酸枝

手款：明

整体外观（效果图1）

1. 器形点评

此桌桌面长方平直，冰盘沿线脚。桌面下安素牙板，四腿为圆材直腿，直落到地。腿上部安罗锅枨。此桌在桌面四角与腿结合外侧，另装一素牙头。此种做法为一腿三牙做法，为明式家具的典型做法。

2. CAD 图示

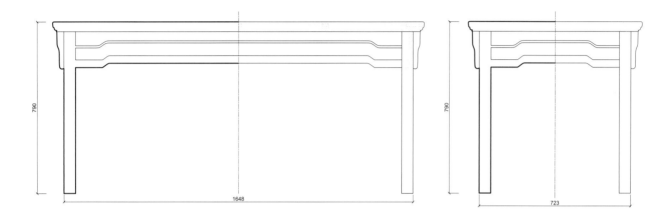

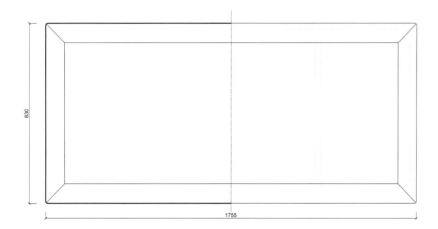

三视结构（CAD 图 1）

3. 用材效果

用材效果（材质：紫檀；效果图2）

用材效果（材质：黄花梨；效果图3）

用材效果（材质：红酸枝；效果图4）

4. 结构爆炸

结构爆炸（效果图 5）

5. 部件示意

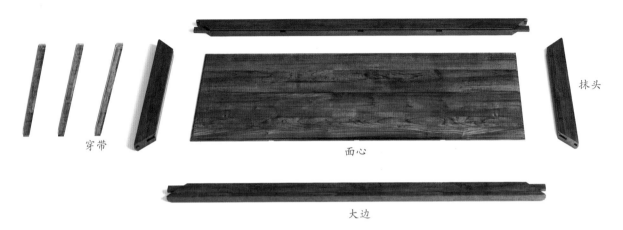

穿带

面心

抹头

大边

部件示意—桌面（效果图6）

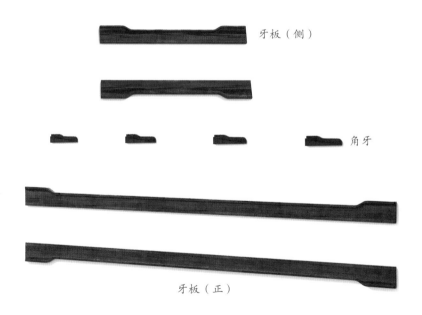

牙板（侧）

角牙

牙板（正）

部件示意—牙子（效果图7）

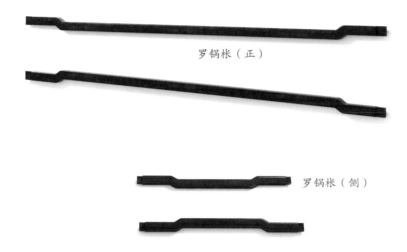

罗锅枨（正）

罗锅枨（侧）

部件示意—罗锅枨（效果图8）

部件示意—腿子（效果图9）

6. 细部详解

细部效果—桌面（效果图 10）

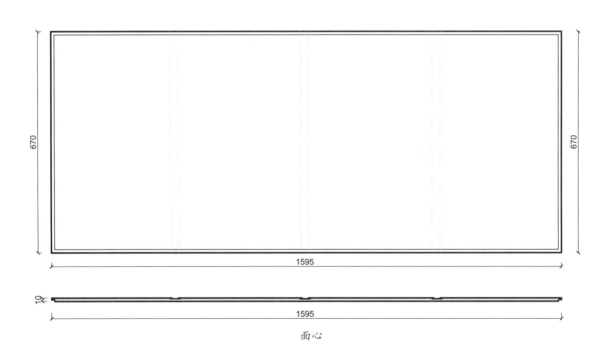

面心

大边

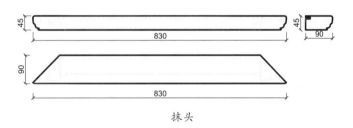

抹头

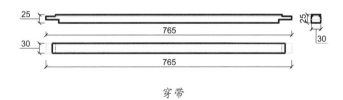

穿带

细部结构—桌面（CAD 图 2 ~ 图 5）

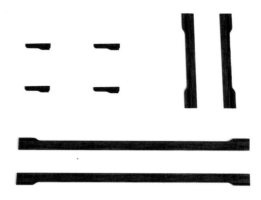

细部效果—牙子（效果图11）

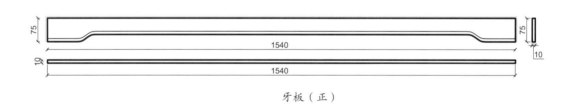

牙板（正）

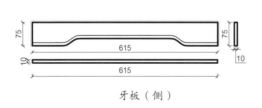

牙板（侧）

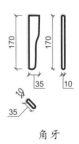

角牙

细部结构—牙子（CAD 图 6 ～图 8 ）

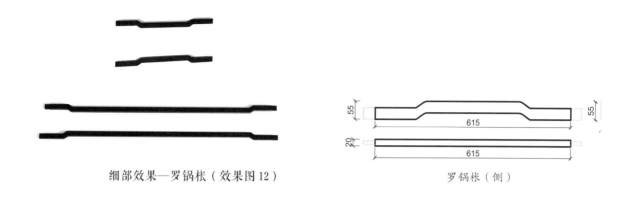

细部效果—罗锅枨（效果图 12）

罗锅枨（侧）

罗锅枨（正）

细部结构—罗锅枨（CAD 图 9 ~ 图 10）

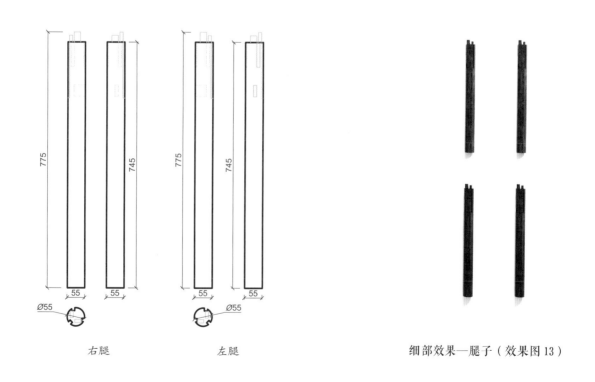

右腿

左腿

细部效果—腿子（效果图 13）

细部结构—腿子（CAD 图 11 ~ 图 12）

四面平霸王枨条桌

材质：黄花梨

丰款：明

整体外观（效果图1）

1. 器形点评

　　此桌为四面平结构，桌面与四腿以粽角榫相交。四腿为方材，直落到地，至足端形成内翻小马蹄足。四腿上端与桌面内底之间安有霸王枨，起到加固作用。此桌造型凝练，线条简洁流畅，做工精湛，是一件经典的明式家具作品。

2. CAD 图示

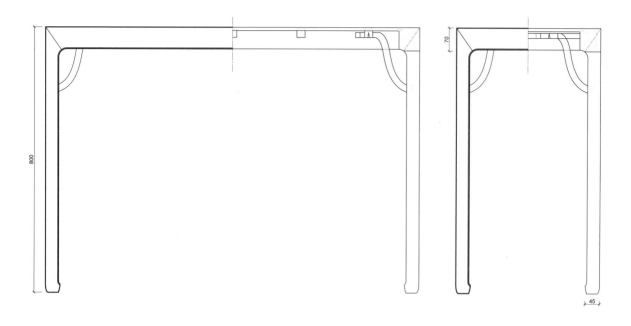

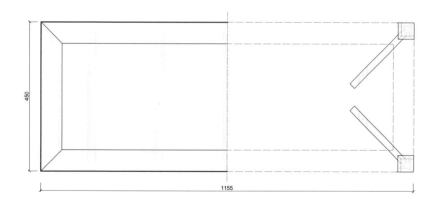

三视结构（CAD 图 1）

3. 用材效果

用材效果（材质：紫檀；效果图 2）

用材效果（材质：黄花梨；效果图 3）

用材效果（材质：红酸枝；效果图 4）

4. 结构爆炸

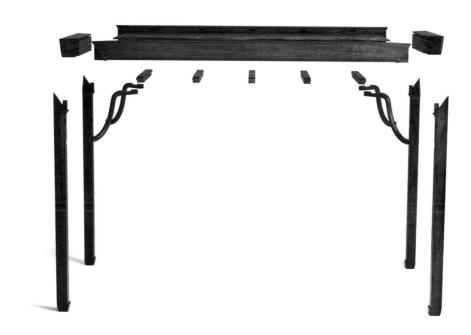

结构爆炸（效果图 5）

5. 部件示意

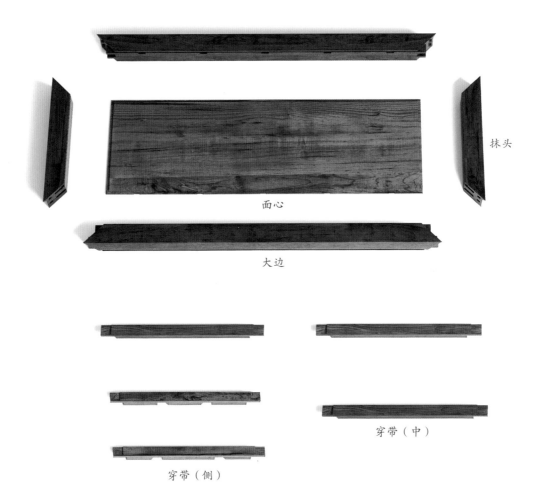

抹头

面心

大边

穿带（中）

穿带（侧）

部件示意—桌面（效果图6）

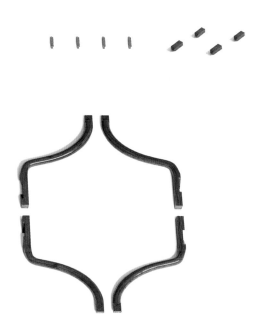

部件示意—霸王枨（效果图 7）

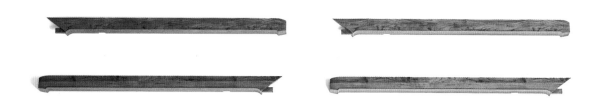

部件示意—腿子（效果图 8）

6. 细部详解

细部效果—桌面（效果图 9）

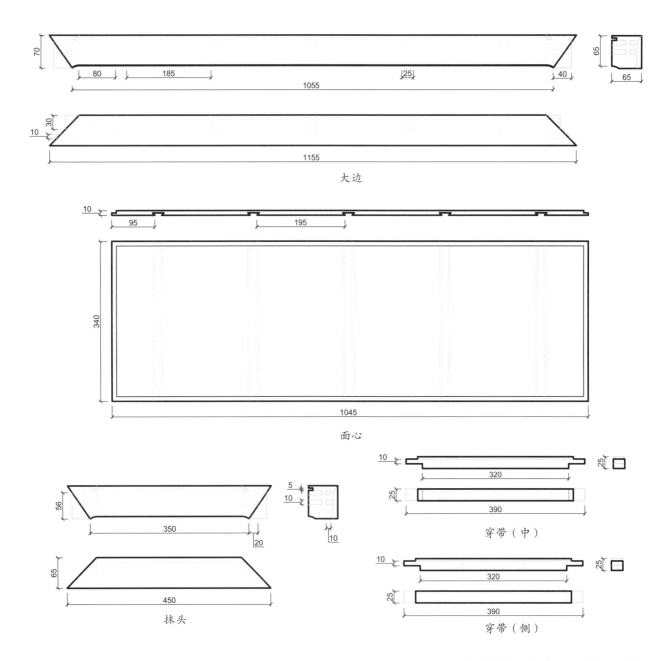

大边

面心

穿带（中）

穿带（侧）

抹头

细部结构—桌面（CAD 图 2～图 6）

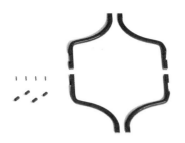

细部效果—霸王枨（效果图 10）

垫榫

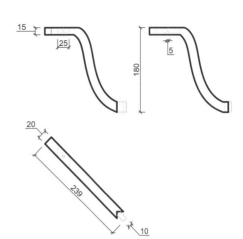

霸王枨

细部结构—霸王枨（CAD 图 7 ~ 图 8）

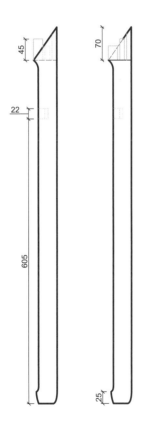

细部效果—腿子（效果图 11）

细部结构—腿子（CAD 图 9）

攒拐子纹四面平条桌

材质：黄花梨

年款：清

整体外观（效果图1）

1. 器形点评

　　此桌为四面平式，桌面攒框打槽装板。桌面边角与四腿之间以棕角榫相接。桌面之下安有攒拐子纹罗锅枨，枨上装矮老，与桌面相接。四腿为方材，直落到地，足端雕内翻回纹马蹄足。

2. CAD 图示

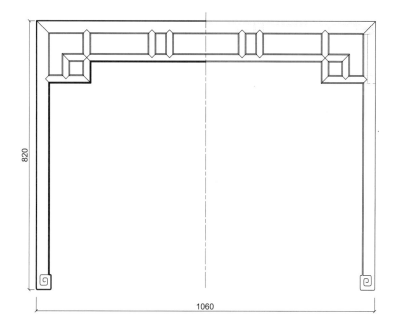

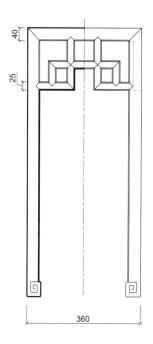

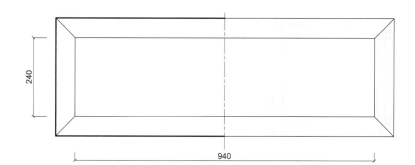

三视结构（CAD 图 1）

3. 用材效果

用材效果（材质：紫檀；效果图 2）

用材效果（材质：黄花梨；效果图 3）

用材效果（材质：红酸枝；效果图 4）

4. 结构爆炸

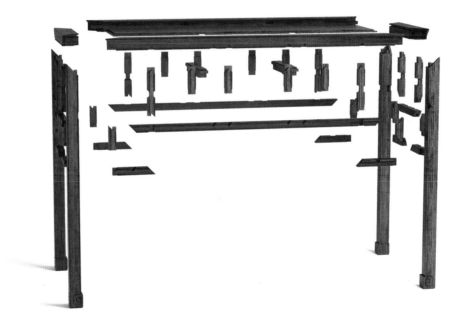

结构爆炸（效果图 5）

5. 部件示意

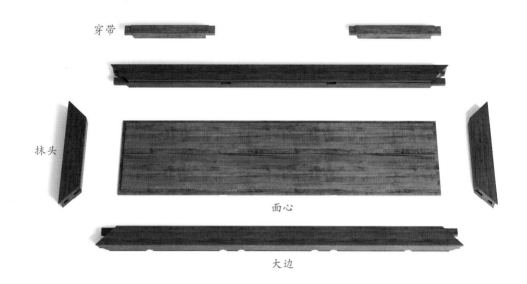

穿带

抹头

面心

大边

部件示意—桌面（效果图6）

部件示意—腿子（效果图7）

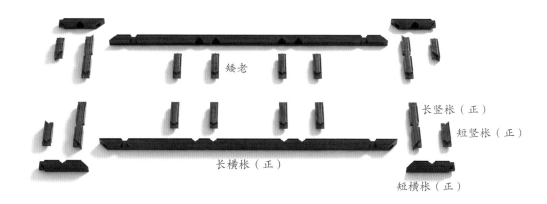

矮老

长竖枨（正）

短竖枨（正）

长横枨（正）

短横枨（正）

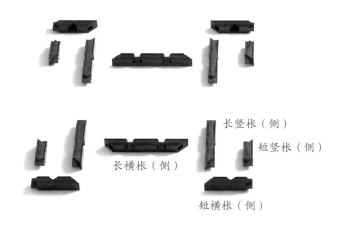

长竖枨（侧）

短竖枨（侧）

长横枨（侧）

短横枨（侧）

部件示意—罗锅枨和矮老（效果图 8）

6. 细部详解

细部效果—桌面（效果图9）

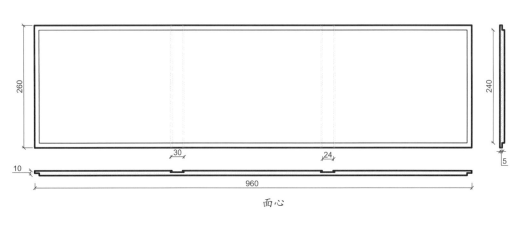

面心

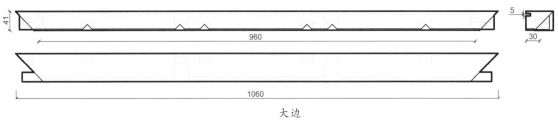

大边

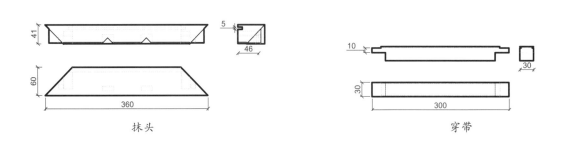

抹头   穿带

细部结构—桌面（CAD 图 2 ～图 5）

细部效果—腿子（效果图 10）

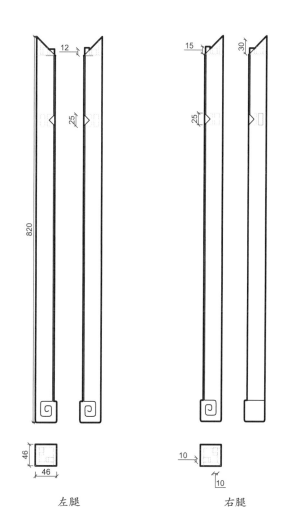

左腿　　　　　　　右腿

细部结构—腿子（CAD 图 6 ~ 图 7）

195

细部效果—罗锅枨和矮老（效果图 11）

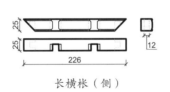

长横枨（侧）

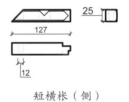

短横枨（侧）

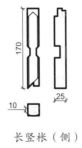

长竖枨（侧）

短竖枨（侧）

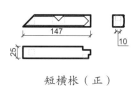

短横枨（正）

短竖枨（正）

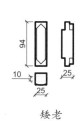

矮老

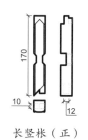

长竖枨（正）

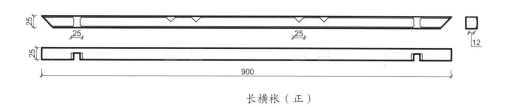

长横枨（正）

细部结构—罗锅枨和矮老（CAD 图 8 ～图 16 ）

裹腿罗锅枨条桌

材质：黄花梨

年款：明

整体外观（效果图1）

1. 器形点评

　　此桌桌面为长方形，边角圆润。桌面之下四腿为圆材，直落到地。四腿上端装有一匝罗锅枨，包裹在四腿外侧，枨上装矮老。此桌通体光素无饰，唯以圆润流畅的线脚取胜，美观大方。

2. CAD 图示

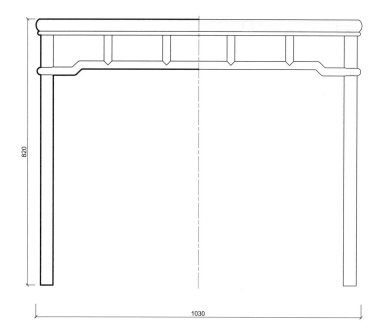
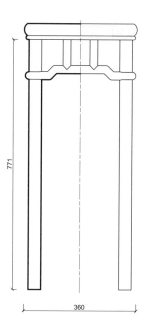
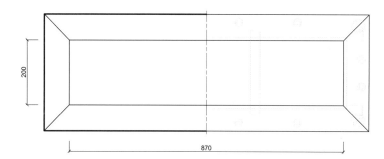

三视结构（CAD 图 1）

199

3. 用材效果

用材效果（材质：紫檀；效果图 2）

用材效果（材质：黄花梨；效果图 3）

用材效果（材质：红酸枝；效果图 4）

4. 结构爆炸

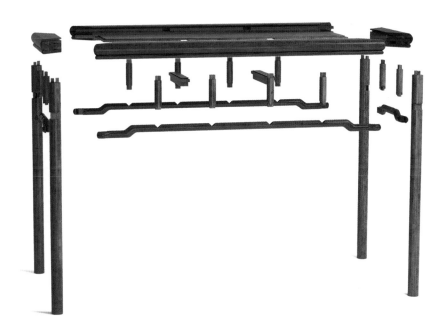

结构爆炸（效果图 5）

5. 部件示意

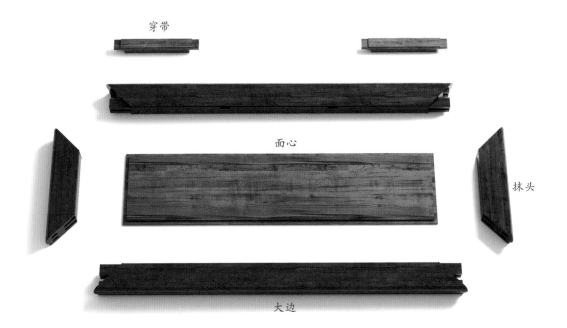

穿带

面心

抹头

大边

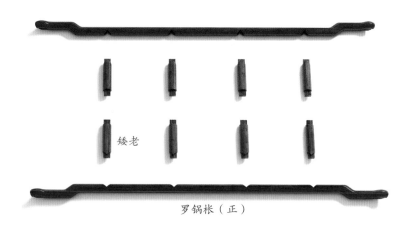

矮老

罗锅枨（正）

罗锅枨（侧）

部件示意—罗锅枨和矮老（效果图 8）

6. 细部详解

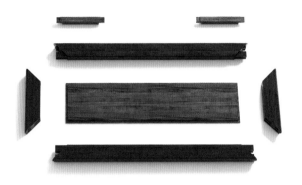

细部效果—桌面（效果图 9）

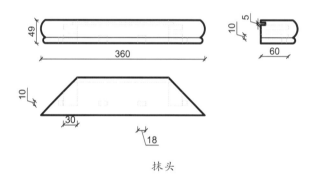

抹头

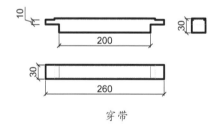

穿带

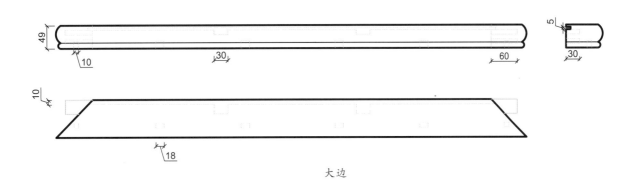

大边

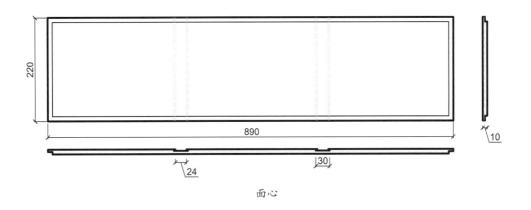

面心

细部结构—桌面（CAD 图 2 ~ 图 5）

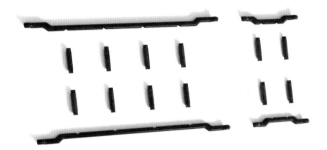

细部效果—罗锅枨和矮老（效果图 10）

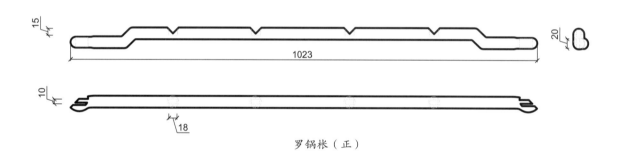

罗锅枨（正）

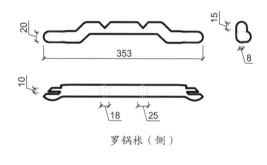

罗锅枨（侧）

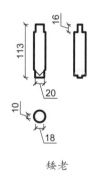

矮老

细部结构—罗锅枨和矮老（CAD 图 6 ~ 图 8）

206

细部效果—腿子（效果图11）

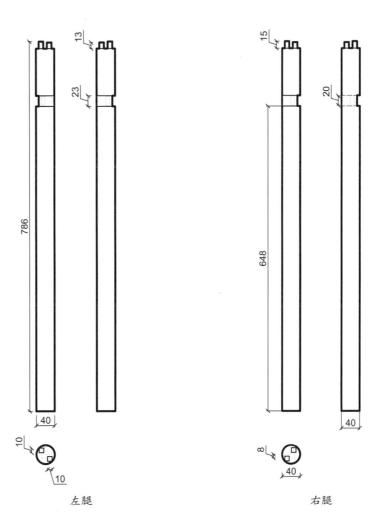

左腿

右腿

回纹条桌

材质：紫檀

年款：清

整体外观（效果图1）

1. 器形点评

　　此桌桌面长方平直，下有束腰。束腰下牙板雕回纹。四腿为方材，直下，至足端雕成内翻回纹马蹄足。此桌整体简洁大方，无过多雕饰，唯在牙板上略微雕饰回纹，与足端的回纹相互呼应。此桌是一件做工精湛的清代风格家具。

2. CAD 图示

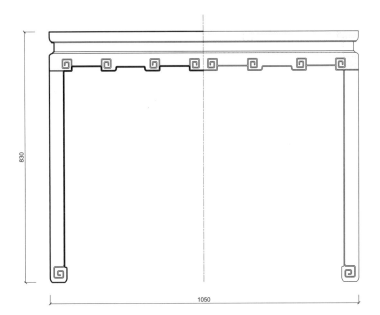

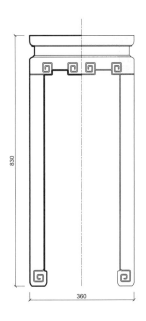

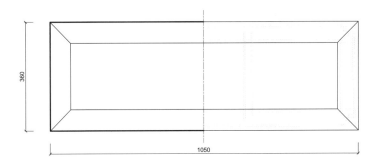

三视结构（CAD 图 1）

3. 用材效果

用材效果（材质：紫檀；效果图 2）

用材效果（材质：黄花梨；效果图 3）

用材效果（材质：红酸枝；效果图 4）

210

4. 结构爆炸

结构爆炸（效果图 5）

5. 部件示意

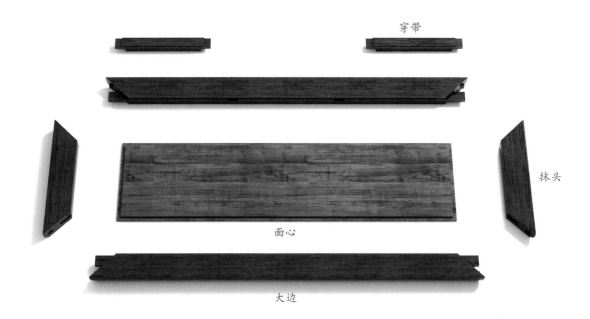

穿带

抹头

面心

大边

部件示意—桌面（效果图6）

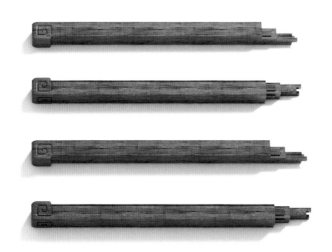

部件示意—腿子（效果图7）

束腰（侧）

束腰（正）

部件示意—束腰（效果图 8）

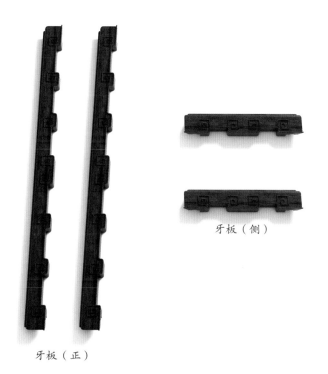

牙板（侧）

牙板（正）

部件示意—牙板（效果图 9）

6. 细部详解

细部效果—桌面（效果图 10）

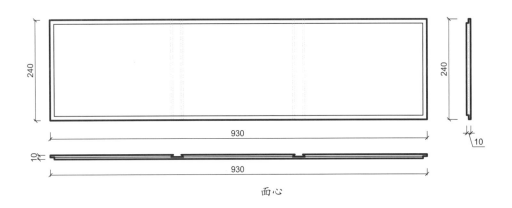

面心

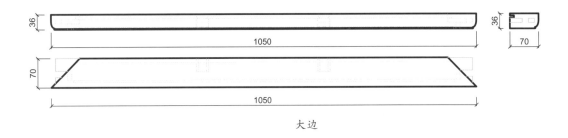

大边

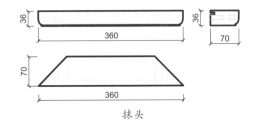

抹头

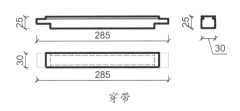

穿带

细部结构—桌面（CAD 图 2 ~ 图 5）

细部效果—束腰（效果图 11）

束腰（正）

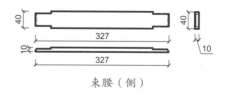

束腰（侧）

细部结构—束腰（CAD 图 6 ~ 图 7）

细部效果—牙板（效果图 12）

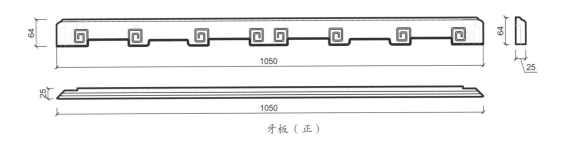

牙板（正）

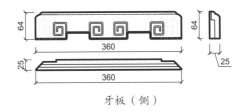

牙板（侧）

细部结构—牙板（CAD 图 8 ~ 图 9）

细部效果—腿子（效果图 13）

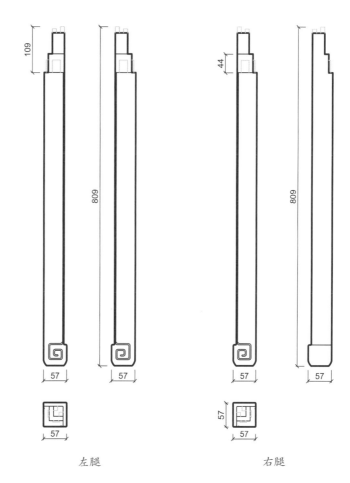

左腿   右腿

有束腰小条桌

材质：黄花梨

年款：明

整体外观（效果图1）

1. 器形点评

　　此桌桌面为长方形，冰盘沿线脚。桌面下有束腰，束腰下接窄窄的牙板。四腿为方材直腿，略带侧脚，足端雕内翻小马蹄足。此桌线条凝练，造型挺拔，风格简约。

2. CAD 图示

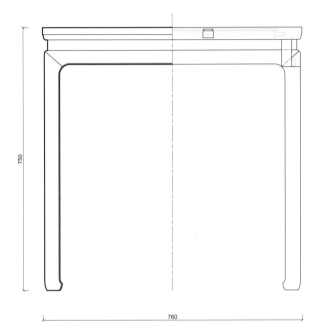

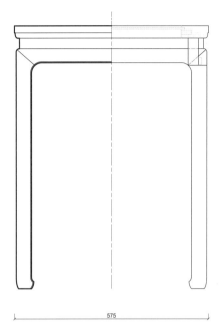

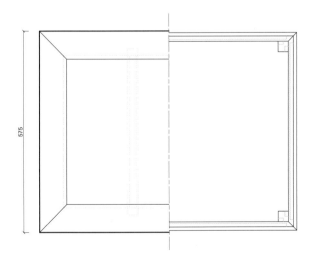

三视结构（CAD 图 1）

3. 用材效果

用材效果（材质：紫檀；效果图 2）

用材效果（材质：黄花梨；效果图 3）

用材效果（材质：红酸枝；效果图 4）

4. 结构爆炸

结构爆炸（效果图 5）

5. 部件示意

大边

面心

抹头   穿带

部件示意—桌面（效果图 6）

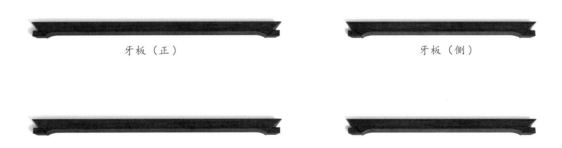

牙板（正）   牙板（侧）

部件示意—牙板（效果图 7）

束腰（正）　　　　　　　　　束腰（侧）

部件示意—束腰（效果图 8）

部件示意—腿子（效果图 9）

6. 细部详解

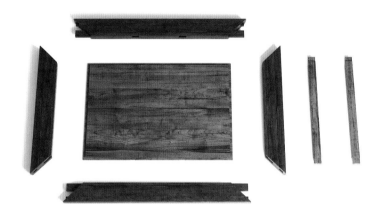

细部效果—桌面（效果图10）

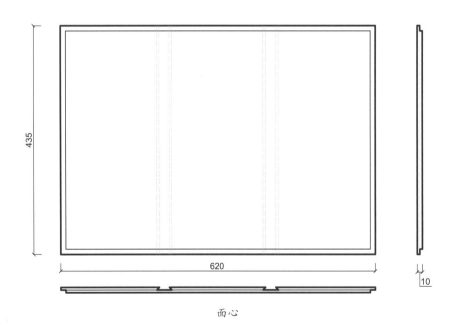

面心

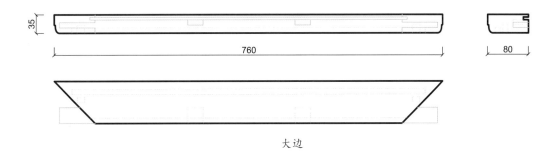

大边

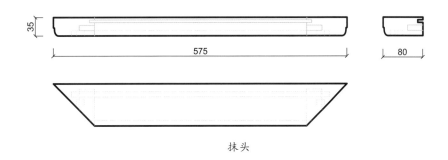

抹头

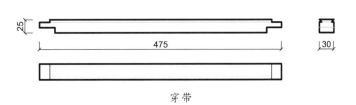

穿带

细部结构—桌面（CAD 图 2 ～ 图 5）

细部效果—束腰（效果图 11）

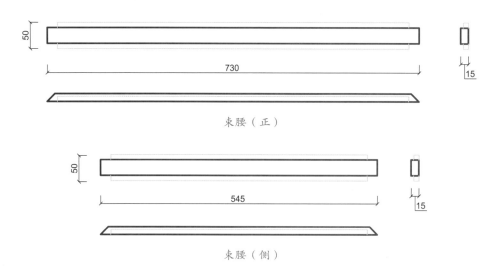

50

730

束腰（正）

15

50

545

束腰（侧）

15

细部结构—束腰（CAD 图 6 ~ 图 7）

细部效果—牙板（效果图 12）

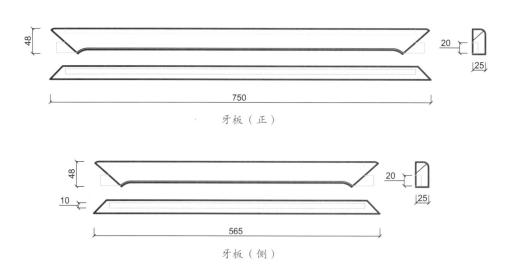

48

750

牙板（正）

20

25

48

10

565

牙板（侧）

20

25

细部结构—牙板（CAD 图 8 ~ 图 9）

细部效果—腿子（效果图 13）

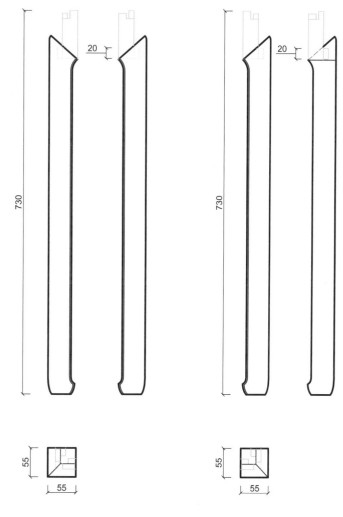

左腿

右腿

细部结构—腿子（CAD 图 10 ~ 图 11）

嵌大理石勾云足画桌

材质：红酸枝

年款：明

整体外观（效果图1）

1. 器形点评

　　此桌为四面平式，桌面宽长，攒框打槽装大理石面心。桌面四角与四条桌腿以棕角榫相接。四腿为方材，直落到地，足端形成内翻勾云足。此桌线条简练，造型素雅精致，四条腿足苗条而不纤弱，有亭亭玉立之感，为明式家具的经典器形。

2. CAD 图示

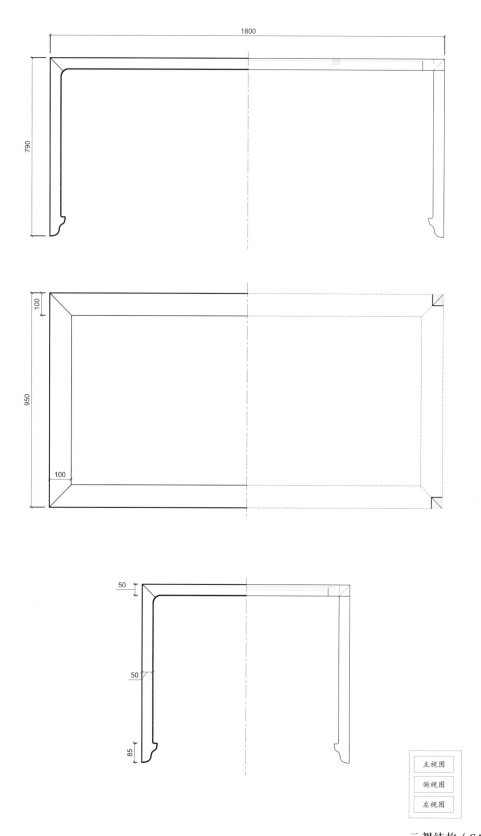

主视图

俯视图

左视图

3. 用材效果

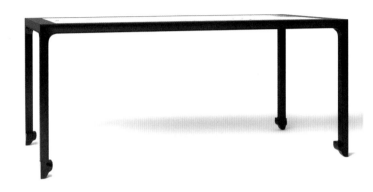

用材效果（材质：紫檀；效果图 2）

用材效果（材质：黄花梨；效果图 3）

用材效果（材质：红酸枝；效果图 4）

4. 结构爆炸

结构爆炸（效果图 5）

5. 部件示意

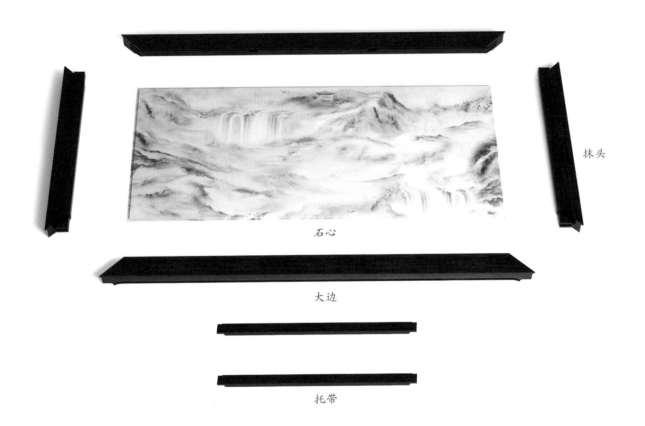

抹头

石心

大边

托带

部件示意—桌面（效果图 6）

部件示意—腿子（效果图 7）

6. 细部详解

细部效果—桌面（效果图 8）

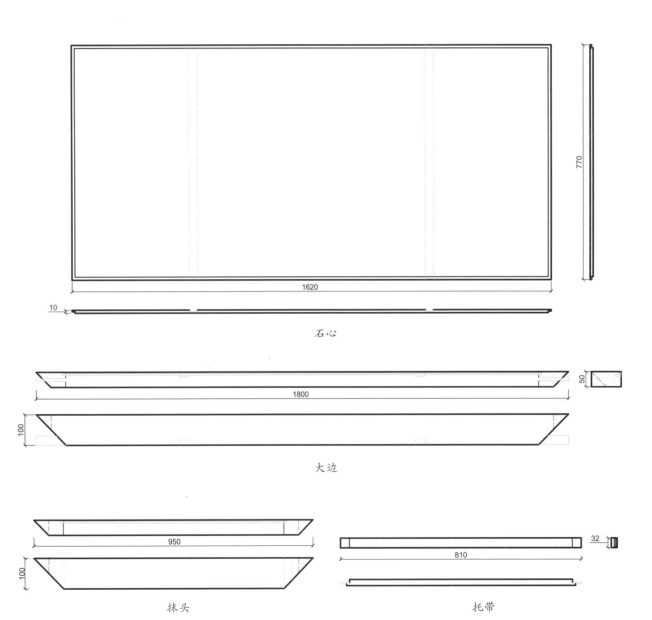

770

1620

10

石心

1800

50

100

大边

950

100

抹头

810

32

托带

细部结构—桌面（CAD 图 2 ~ 图 5）

234

细部效果—腿子（效果图 9）

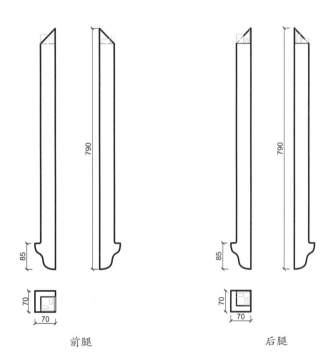

前腿　　　　　　　　　　　　　后腿

勾云足带托泥画桌

材质：黄花梨

年款：宋

整体外观（效果图1）

1. 器形点评

　　此画桌桌面光滑平直，攒框打槽装板，桌面边角与四条腿桌以粽角榫相接，为典型的四面平做法。四腿方材直下，略外展，足端雕云头，足下踩托泥。此桌整体造型清朗端秀，在桌子足端加上托泥，成为桌台形状，这是明以前的宋式承具中较为有特色的做法。

2. CAD 图示

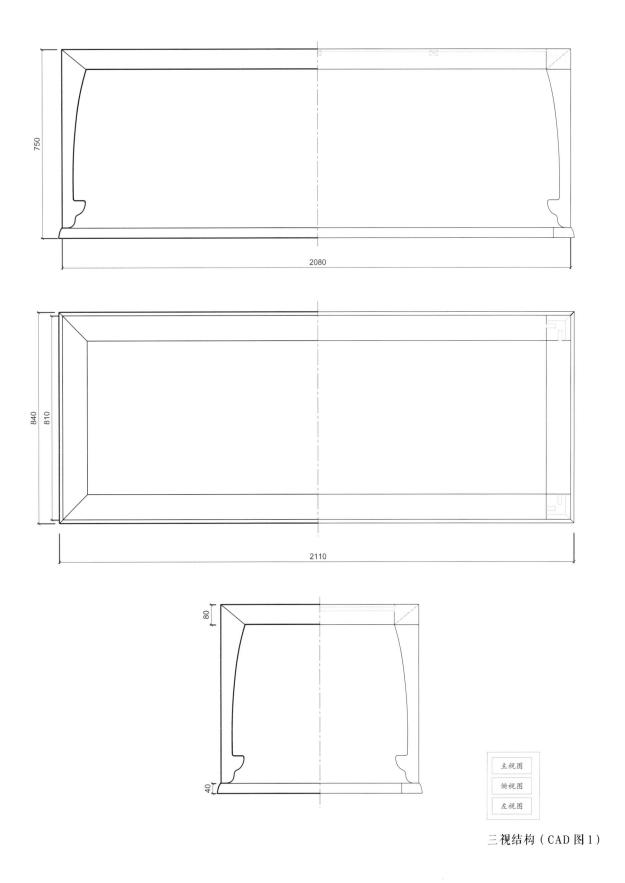

主视图
俯视图
左视图

三视结构（CAD 图 1）

3. 用材效果

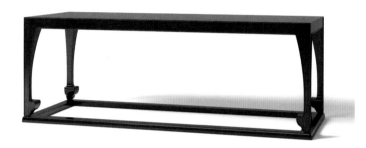

用材效果（材质：紫檀；效果图 2）

用材效果（材质：黄花梨；效果图 3）

用材效果（材质：红酸枝；效果图 4）

4. 结构爆炸

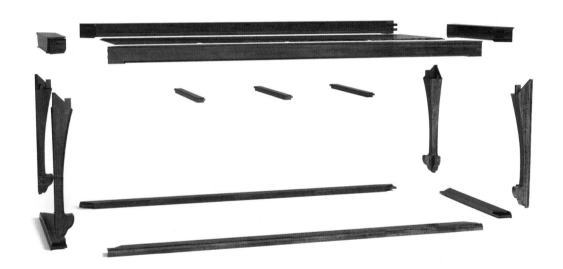

结构爆炸（效果图 5）

5. 部件示意

大边

抹头

面心

穿带

部件示意—桌面（效果图 6 ）

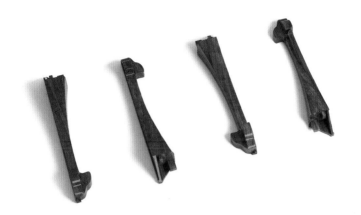

部件示意—腿子（效果图 7）

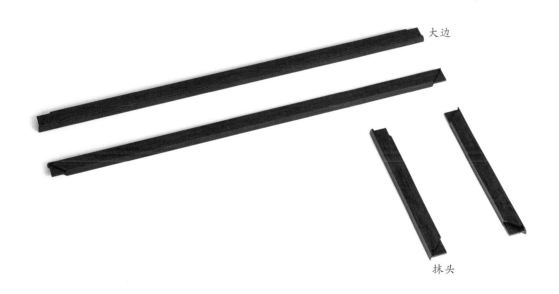

大边

抹头

部件示意—托泥（效果图 8）

6. 细部详解

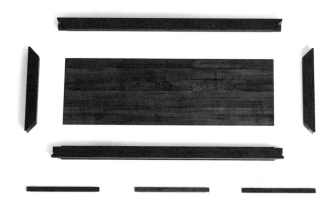

细部效果—桌面（效果图 9）

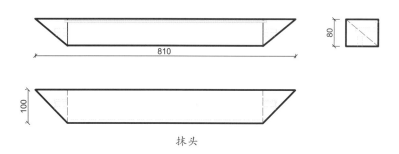

抹头

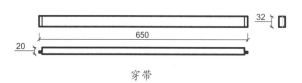

穿带

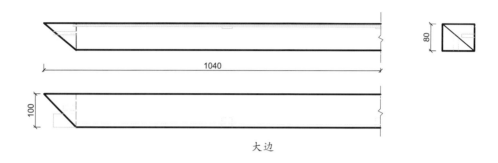

大边

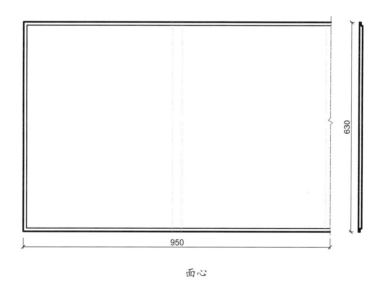

面心

细部结构—桌面（CAD 图 2 ~ 图 5）

细部效果—托泥（效果图 10）

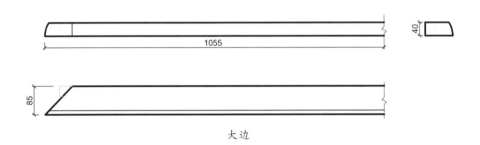

1055

40

85

大边

840

40

85

抹头

细部结构—托泥（CAD 图 6 ~ 图 7）

244

细部效果—腿子（效果图 11）

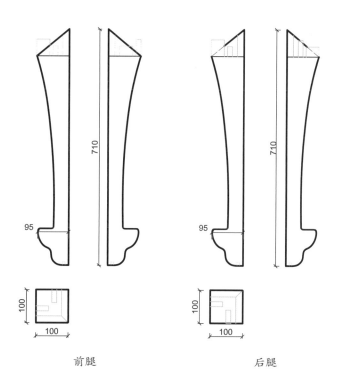

前腿   后腿

云纹牙头琴桌

材质：黄花梨

年款：宋

整体外观（效果图1）

1. 器形点评

　　此琴桌桌面长方平直，边抹面沿为冰盘沿。四腿为圆材，直落到地，前后腿之间装双枨相连。四腿上端四面安横枨，横枨与桌面之间装绦环板，形成一个桌膛。桌膛下方设窄长的壶门牙板，两端有勾云牙头。此桌造型简约，线条流畅，素雅端秀。

2. CAD 图示

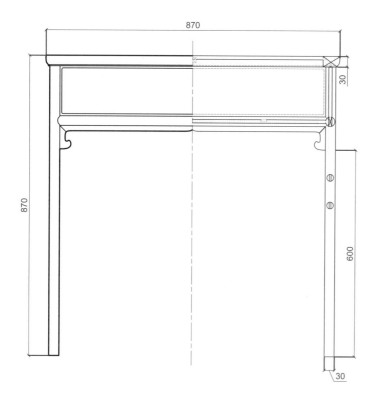

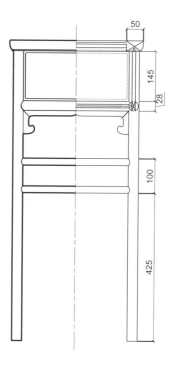

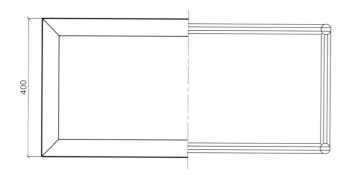

三视结构（CAD 图 1）

3. 用材效果

用材效果（材质：紫檀；效果图 2）

用材效果（材质：黄花梨；效果图 3）

用材效果（材质：红酸枝；效果图 4）

4. 结构爆炸

结构爆炸（效果图 5）

5. 部件示意

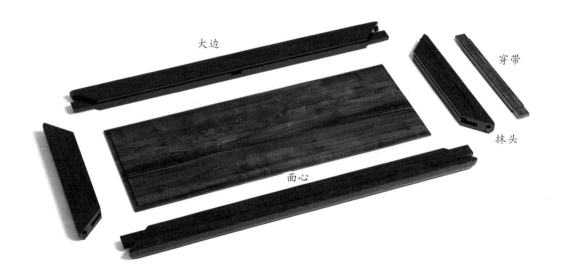

大边

穿带

抹头

面心

部件示意—桌面（效果图 6）

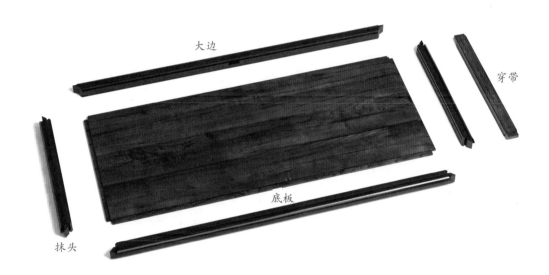

大边

穿带

抹头

底板

部件示意—桌膛（效果图 7）

旁板（前）

旁板（侧）

部件示意—旁板（效果图 8 ）

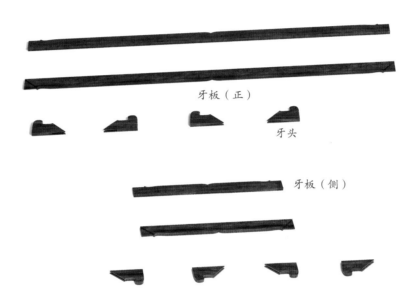

牙板（正）

牙头

牙板（侧）

部件示意—牙子（效果图 9）

部件示意—横枨（效果图 10）

部件示意—腿子（效果图 11）

6. 细部详解

细部效果—桌面（效果图 12）

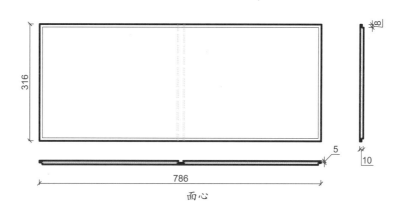

面心

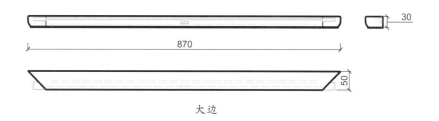

大边

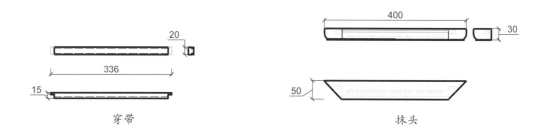

穿带

抹头

细部结构—桌面（CAD 图 2 ～ 图 5）

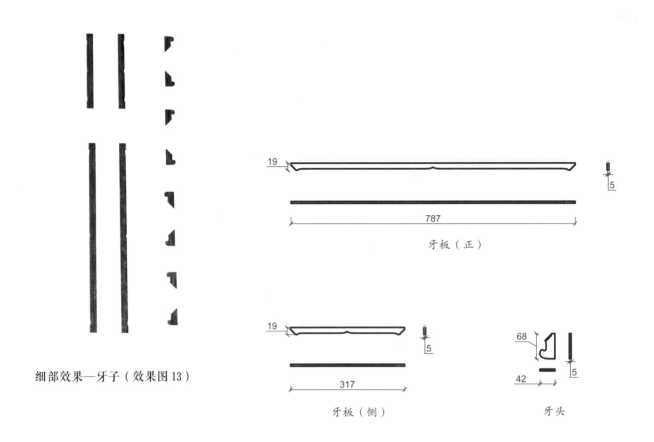

细部效果—牙子（效果图 13）

19

787

牙板（正）

5

19

317

牙板（侧）

5

68

42

5

牙头

细部结构—牙子（CAD 图 6 ~ 图 8）

347

20

5

细部结构—横枨（CAD 图 9）

细部效果—横枨（效果图 14）

细部效果—桌膛（效果图 15）

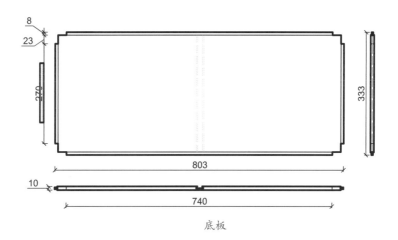

8
23
270
333
803
10
740

底板

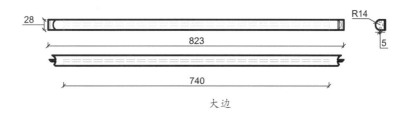

28
823
740
R14
5

大边

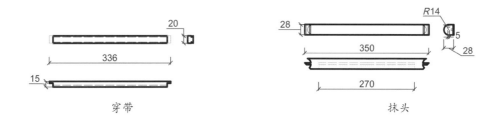

20
336
15

穿带

28
350
270
R14
5
28

抹头

细部结构—桌膛（CAD 图 10 ～图 13）

257

细部效果—旁板（效果图16）

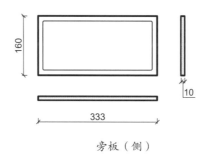

旁板（侧）

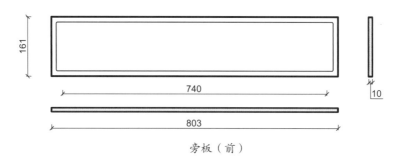

旁板（前）

细部结构—旁板（CAD 图 14 ~ 图 15）

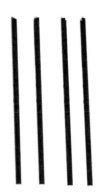

细部效果—腿子（效果图 17）

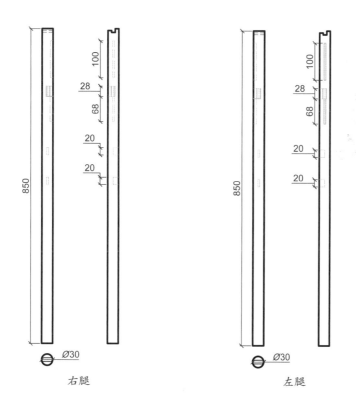

细部结构—腿子（CAD 图 16 ~ 图 17）

勾云足宽长桌

材质：黄花梨

年款：宋

整体外观（效果图1）

1. 器形点评

此桌桌面长方平直，攒框打槽装板。紧贴桌面下装有四条腿子，四腿的顶端及足端做成内卷勾云状，云头饱满，足下踩托泥。此桌装饰简洁，造型大气，厚硕的内卷勾云腿足有高古意趣。

2. CAD 图示

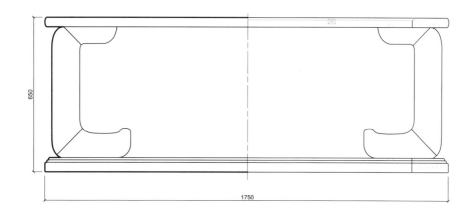

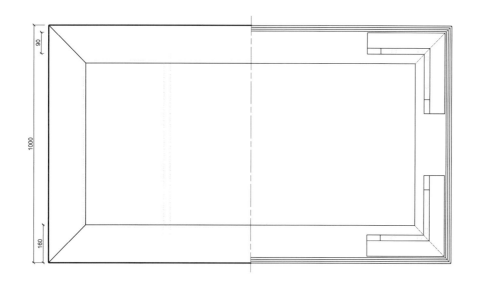

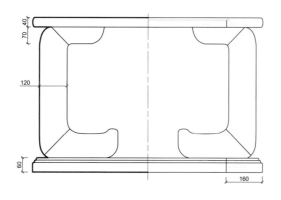

主视图

俯视图

左视图

三视结构（CAD 图 1）

3. 用材效果

用材效果（材质：紫檀；效果图2）

用材效果（材质：黄花梨；效果图3）

用材效果（材质：红酸枝；效果图4）

4. 结构爆炸

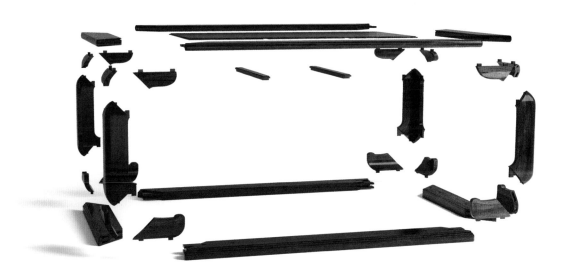

结构爆炸（效果图 5）

5. 部件示意

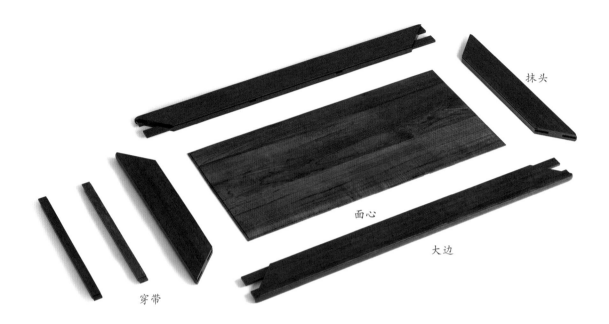

抹头

面心

大边

穿带

部件示意—桌面（效果图 6）

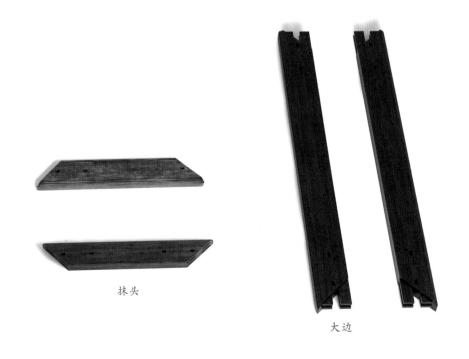

抹头

大边

部件示意—托泥（效果图 7）

部件示意—角牙（效果图 8）

部件示意—底足（效果图 9）

部件示意—腿子（效果图 10）

6. 细部详解

细部效果—桌面（效果图 11）

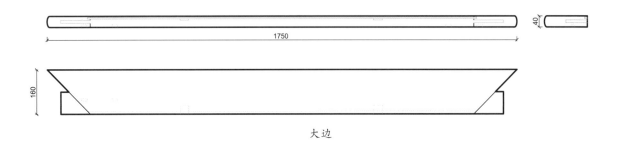

大边

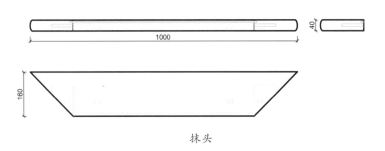

抹头

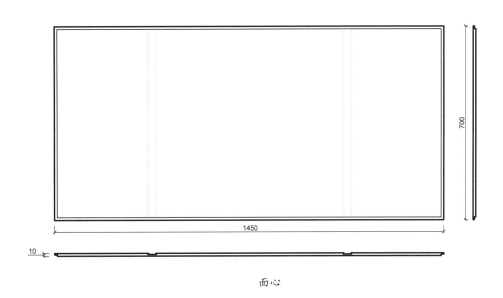

面心

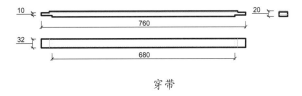

穿带

细部效果—托泥（效果图 12）

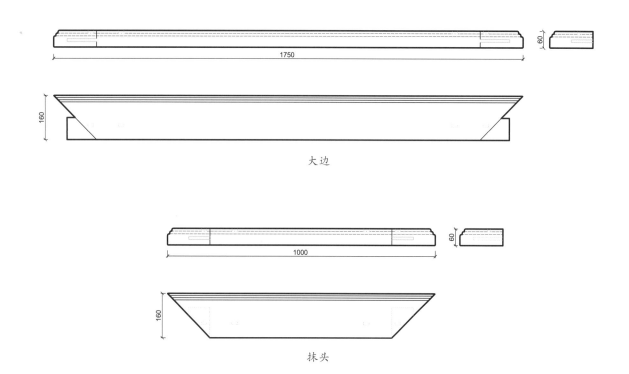

大边

抹头

细部结构—托泥（CAD 图 6 ~ 图 7）

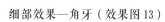

细部效果—角牙（效果图 13）

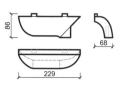

细部结构—角牙（CAD 图 8）

细部效果—腿子（效果图 14）

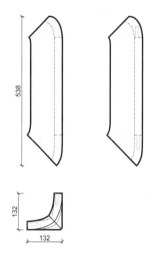

细部结构—腿子（CAD 图 9）

细部效果—底足（效果图 15）

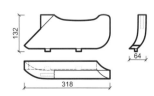

细部结构—底足（CAD 图 10）

图 版 索 引